Was hat unsere Vorfahren vor etwa 6 Millionen Jahren dazu veranlasst, von der vierbeinigen zur zweibeinigen Fortbewegung und damit von einer flinken zu einer zunächst langsamen und schwerfälligen Fortbewegung überzuwechseln? Einig ist man sich darin, dass der Grund eine dramatische Änderung der Lebens- und Ernährungsweise gewesen sein muss. Nur, was sich da geändert hat, ist strittig. War die treibende Kraft die Jagd, oder war es vielleicht die Nahrungssuche im Flachwasser? In diesem Buch werden die vorherrschenden Theorien kritisch diskutiert, und im Anschluss daran wird eine neue Hypothese über den Beginn des aufrechten Gangs entwickelt.

Der Ackerbau begann vor 12000 Jahren. Die ersten Ackerbauern sollen die Samen von Wildgräsern ausgesät haben. Die kritische Diskussion zeigt: Auch diese Ansicht ist wenig stichhaltig. Im Buch wird eine neue Hypothese zum Beginn des Ackerbaus entwickelt.

Stefan Berking, geb. 1943, ist pensionierter Professor für Zoologie an der Universität zu Köln.

Stefan Berking

# Vom aufrechten Gang und vom Ackerbau

© 2010 Stefan Berking
Herstellung und Verlag:
Books on Demand GmbH, Norderstedt
ISBN 978-38391-3254-8

"... klafft bis jetzt eine empfindliche Lücke in unserem Wissen, welches darauf hinzuweisen scheint, daß in Bezug auf unsere Auffassung der diluvialen prähistorischen Epochen weitere Forschungsergebnisse vielleicht unerwartete Änderungen bringen
werden. Auch hier muß es immer noch heißen: rüstig weiter geforscht!"
Ranke, 1900, S. 48

# Einleitung

Der Übergang von der vierbeinigen zur zweibeinigen Fortbewegung und der Beginn des Ackerbaus waren zweifellos Schritte von fundamentaler Bedeutung für die Entwicklung der Menschheit. Obwohl unsere Vorfahren dabei waren, als „es" passierte, gibt es naturgemäß darüber keine Aufzeichnungen; denn die Schrift wurde bekanntlich erst viel später erfunden. Wir sind daher auf Rekonstruktionen angewiesen. Zu diesen Rekonstruktionen haben Forschungsergebnisse aus sehr vielen und sehr unterschiedlichen Bereichen beigetragen, wie Agrarwissenschaft, Anthropologie, Archäologie, Botanik, Ethnologie, Genetik, Geographie, Geschichtswissenschaften, Klimaforschung, Linguistik, Medizin, Soziologie und Zoologie. Die Bemühungen haben bisher nicht zu einer einheitlichen Vorstellung geführt, vielmehr gibt es heute mehrere miteinander konkurrierende Hypothesen über beides: den Beginn des aufrechten Gangs und den Beginn des Ackerbaus. Jede dieser Hypothesen stützt sich auf die gleichen grundlegenden Befunde, gewichtet sie aber unterschiedlich. Je nach Fachgebiet eines Autors ist die Perspektive anders. Und jeder Autor findet Aspekte, die bisher, seiner Ansicht nach, vernachlässigt wurden, aber unbedingt berücksichtigt werden müssen. Darüber hinaus kommen jedes Jahr neue Fakten hinzu.

Ist es in dieser Situation überhaupt angebracht, detaillierte Hypothesen zu entwickeln? Wäre es nicht besser, einfach abzuwarten, bis sich das Bild rundet? Ich denke, es rundet sich nicht von selbst. Alle diese Hypothesen sind hilfreich. Sie lenken den Blick auf neue Zusammenhänge, führen dazu, Fakten, die halbvergessen sind, wieder ans Tageslicht zu bringen, und stimulieren die Forschung. Sicher werden die meisten der heute diskutierten Hypothesen zukünftige kritische Diskussionen nicht überstehen. Sie werden verworfen oder doch zumindest modifiziert. Und das ist gut so. Nur durch ständiges Infragestellen werden die Rekonstruktionen zutreffender werden. Das Verständnis der Zusammenhänge ergibt sich nicht von selbst, wenn man die Fakten nebeneinander stellt. Diese Überzeugung ist meine Rechtfertigung für die im Folgenden dargestellten Gedanken. Es werden keine neuen archäologischen Befunde mitgeteilt, keine neuen Pollenanalysen, keine neuen Untersuchungen der Zahnstruktur von Vormenschen. Ich stelle bekannte Befunde aus unterschiedlichen Fachgebieten neu zusammen und ziehe daraus neue Schlussfolgerungen.

Zunächst versuche ich herauszuarbeiten, welche Probleme mit den zur Zeit einflussreichsten Hypothesen zum Beginn des aufrechten Gangs, bei der Rekonstruktion dieses Prozesses, verbunden sind. Dann stelle ich eine Hypothese vor, die diese Probleme – denke ich – nicht hat, und versuche, diese Hypothese plausibel zu machen. Danach gehe ich für den Beginn des Ackerbaus in der gleichen Weise vor.

# I. Der Beginn des aufrechten Gangs

## Aktuelle Vorstellungen über den Beginn des aufrechten Gangs

Unsere Vorfahren sind vor etwa 6 Millionen Jahren von der vierbeinigen zur zweibeinigen Fortbewegung übergegangen. Das geschah in Ostafrika. Mit dem Ende des Tertiär breiteten sich dort die Savannen aus, während die Wälder schrumpften. Umstritten ist, warum zu dieser Zeit unsere Vorfahren zur zweibeinigen Fortbewegung übergingen und wie es dann zur Menschwerdung kam.

Um diese Fragen zu klären, werden in den wissenschaftlichen Diskussionen Befunde aus allen relevanten Bereichen herangezogen. Viele Autoren beginnen ihre Darstellungen mit den besonders deutlichen Unterschieden in der Anatomie und Physiologie von Menschen einerseits und von Menschenaffen andererseits. Drei Merkmale gelten hierbei als besonders schwer zu verstehen (Foley,1995): der aufrechte Gang, die spärliche Behaarung des Körpers, und die Fähigkeit, stark zu schwitzen. Für diese Merkmale liegt offenbar eine Erklärung nicht auf der Hand. Insbesondere der aufrechte Gang ist schwer zu verstehen. Die Umstellung von der vierbeinigen zur zweibeinigen Fortbewegung war nicht einfach eine Aufrichtung auf die Hinterbeine. Die Umstellung erforderte Veränderungen im ganzen Körper. Der Bau der Füße, der Kniegelenke, des

Beckens, der Hüftgelenke, der Wirbelsäule und mit dem Hinterhauptsloch auch der Bau des Schädels mussten sich dafür ändern (für eine Übersicht s. Steitz, 1993)[1]. Im Zentrum dieses Teils meiner Ausführungen stehen die drei Merkmale: der aufrechte Gang, die spärliche Behaarung des Körpers und die Fähigkeit, stark zu schwitzen. Die Frage ist: Was waren das für Lebensbedingungen, die diese drei Merkmale und dann auch andere menschenspezifische Merkmale hervorgebracht haben?

**Der aufrechte Gang**

In zusammenfassenden Darstellungen über die Menschheitsentwicklung findet man entweder als einzige oder zumindest als erste Hypothese, dass die Jagd die Ursache für den aufrechten Gang war. Die Frage ist nicht, ob die Menschen der Vorzeit gejagt haben. Das ist sicher der Fall gewesen. Als die Wälder zurückwichen und die Savannen sich ausbreiteten, eröffnete sich für die Vormenschen eine neue Möglichkeit der Ernährung. Die Savannen waren sehr fruchtbar. Riesige Herden von Huftieren bevölkerten sie. Ein winziger Bruchteil davon hätte eine Familie hervorragend ernähren können. Die Frage ist, ob die Jagd die treibende Kraft war, die den Vormenschen dazu gebracht hat, sich zweibeinig fortzubewegen.

---

[1] Ein großes Gehirn haben die Menschen erst *nach* dem Übergang zur aufrechten Körperhaltung entwickelt (Foley, 1995). Daher werde ich im Folgenden die Entwicklung des Gehirns – so wichtig sie für den Menschen auch war – nicht diskutieren.

Die derzeit ältesten Fossilfunde von Vormenschen sind in Galeriewäldern, d.h. im bewaldeten Saum von Flüssen und Seen am Rande von Savannen, gemacht worden (z. B. WoldeGabriel et. al., 2009). Die Autoren nehmen an, dass der aufrechte Gang schon auf den Bäumen begonnen habe, und zwar um Früchte an dünnen Zweigen zu erreichen (Thorpe et. al., 2007, Lovejoy, 2009). Mit dem Beginn der Trockenperiode wurde ein „Umzug" auf den Boden vorgenommen, wo dann der aufrechte Gang perfektioniert worden sei. Warum die Entwicklung hin zur zweibeinigen und nicht zur vierbeinigen Fortbewegung stattfand, bleibt hier offen.

Untersuchungen an einem 3,3 Millionen Jahre alten Skelett eines Kindes (Vertreter einer Australopithecus-Art, wie die berühmte Lucy) ergaben, dass die Hinterbeine und das Becken für den aufrechten Gang geeignet waren, während der Oberkörper deutlich mehr Ähnlichkeiten mit heute lebenden Menschenaffen als mit Menschen zeigt (Alemseged et al., 2006). Es wurde daher vermutet, dass Selektionskräfte, d.h. die vorherrschenden Lebensbedingungen, zunächst den aufrechten Gang hervorgebracht haben und dabei die Hinterbeine und das Becken umgebildet haben. Die Umgestaltung der Arme und der Schulterpartie sei offenbar von den Lebensbedingungen weniger stark gefördert worden. Allerdings weisen die Untersuchungen des Innenohrs und damit des Gleichgewichtsorgans eher auf eine langsame und wenig wendige Fortbewegung hin: Die Ähnlichkeit dieses Organs zu dem der heute lebenden Menschenaffen ist groß und zu dem von Menschen klein. Die Untersuchungen gaben auch zu der Vermutung Anlass, dass es den Vormenschen in diesem Stadium noch nicht möglich war, den Kopf so frei zu drehen, wie es die Menschen heute können.

Einige Autoren nehmen an, dass der aufrechte Gang sich deshalb durchgesetzt hat, weil er den Werkzeuggebrauch und damit eine neue Art der Jagd ermöglicht (Darwin, 1966) und weil er in den Savannen einen Überblick über das Gelände erlaubt habe (Reichholf, 2008, S. 99). Problematisch bei dieser Hypothese ist, dass in der offenen Savanne Menschen im aufrechten Gang für ihre potentielle Beute und für Raubtiere, die Menschen angreifen, weithin sichtbar sind. Daher laufen Menschen, die heute auf der Jagd in den Savannen sind, oft gebückt und tarnen sich mit Kleidung, die dem Gras bzw. dem Fell von Savannentieren, einschließlich Affen, gleicht.

Wenn der aufrechte Gang für die Jagd wirklich so vorteilhaft wäre, muss man sich fragen, warum die Fortbewegung auf zwei Beinen bei Säugetieren so selten ist. Affen jagen mitunter andere Tiere, laufen dabei aber mit allen vier Füßen. Das gilt auch für Steppenpaviane, die in der Steppe nach Nahrung suchen. Vierfüßiges Laufen ist schneller als zweifüßiges. Der Mensch ist allen Menschenaffen, sofern sie sich auf allen Vieren fortbewegen, hoffnungslos unterlegen (Steitz, 1993, S. 183). Das Gleiche gilt für das Klettern auf Bäumen. Zudem wurde durch die aufrechte Haltung der Körper so verändert, dass bis heute Haltungsschäden nicht zu vermeiden sind. Aus einem hervorragend an das Bodenleben und an das Leben auf Bäumen angepassten Individuum wurde ein - zumindest in der Übergangsphase - schwerfälliges Individuum.

Ein entscheidender Punkt bei der Frage, ob zu Beginn der Entwicklung Jagd stattgefunden hat oder nicht, ist natürlich, ob sich die Vormenschen von der Jagdbeute, z.B. einem der großen Huftiere der Savanne, hätten ernähren können. Detaillierte Untersuchungen der Zähne ergaben, dass die Vormenschen (Australopithecinen) sich sehr wahrscheinlich von harten und spröden Objekten (z.B. kleinen, festen Früchten und Wurzeln) – und natürlich auch, falls vorhanden, von weichen (z.B. großen Früchten) – ernährt haben. Für die Ernährung von zähen Früchten, von Blättern und von (rohem) Fleisch, sei das Gebiss nicht geeignet gewesen (Teaford, Unger, 2000). Bei der Veränderung der Ernährung vom Affen zum Vormenschen habe es keine Zunahme in der Fähigkeit gegeben, Fleisch zu essen. Das passt schlecht zu der Hypothese, dass die treibende Kraft für die Aufrichtung des Körpers die Jagd in der Savanne war.

Gegen die Jagd-Hypothese spricht auch die Entwicklung des Fußes: Der Mensch ist Sohlengänger (plantigrade Füße). Die Füße sind ausgesprochen großflächig, auch im Vergleich zu Menschenaffen. Die Ferse berührt bei jedem Schritt den Boden, wie das bei anderen Wirbeltieren auch der Fall ist, die bevorzugt im Schritt gehen, aber selten traben. Schnell laufende Wirbeltiere erhöhen die effektive Beinlänge, indem sie auf den Zehenballen (digitigrad) oder auf den Zehenspitzen (unguligrad) stehen. Dieser Befund zeigt: Die Notwendigkeit von schnellem Laufen war nicht die vorherrschende Selektionsbedingung für die Entwicklung des aufrechten Gangs.

Alle diese Befunde legen nahe: Die Vormenschen haben sich nicht durch die Jagd, sondern anders ernährt. Blumenshine und Cavallo (1992) weisen darauf hin, dass Leoparden ihre Beute in Astgabeln von Galeriewäldern verstecken. Die Vormenschen, so schlagen sie vor, könnten diese Beute aufgefunden und den Leoparden in deren Abwesenheit streitig gemacht haben. Für diese Ernährungsweise ist eine schnelle Fortbewegung nicht unbedingt erforderlich. Allerdings ist nicht einzusehen, dass hierfür die Entwicklung des aufrechten Gangs notwendig war. Zu der Zeit, zu der diese Hypothese aufgestellt wurde, war nicht bekannt, dass die Zahnstruktur eine Ernährung von Fleisch von Huftieren z.B., wie Leoparden sie schlagen, weitgehend ausschließt.

Reichholf (2010, S. 137ff) vertritt die Ansicht, der Mensch habe nicht gejagt, sondern sich (außer von Pflanzen) von Aas ernährt. Allerdings nimmt er an, dass das Aas von Tieren stammt, die in der offenen Savanne verendet sind oder von „Räubern" geschlagen wurden. Die ersten Werkzeuge wurden nach dieser Vorstellung nicht für die Jagd verwendet, sondern dazu benutzt, Kadaver zu öffnen, um an das Fleisch, den Schädelinhalt und das Knochenmark zu gelangen. Aasjägerei ist eine sehr lohnende Jagd. Viele Tiergruppen leben davon, z.B. Geier, Marabus und Schwarzmilane. Die Kunst besteht darin, solche Kadaver aufzuspüren, bevor andere sie gefunden haben und solange sie noch essbar sind. Von Schakalen ist bekannt, dass sie die Beobachtung von Geiern im Sinkflug für die Ortung von Kadavern nutzen. Nach Reichholf (2010, S. 137ff) könnten die Vormenschen ebenfalls auf diese

Weise Kadaver entdeckt haben. Der aufrechte Gang könnte die ständige Beobachtung der Geier erheblich erleichtert haben. Eingehandelt hätten sich die Vormenschen damit allerdings, dass sie sich der Beute nur langsam nähern konnten, da am Beginn der Aufrichtung die Fortbewegung auf zwei Beinen schwerfällig war. Die Hypothese Aasjagd statt Pirsch- oder Ausdauerjagd passt zwar gut zu der langsamen Beweglichkeit der Vormenschen in der Phase der Umstellung von der vierbeinigen zur zweibeinigen Fortbewegungsweise, sie passt aber nicht zu den Befunden der Zähne. Die Vormenschen waren offenbar nicht in der Lage, ohne gute Hilfsmittel sich von rohem Fleisch zu ernähren. Fleisch war einfach zu zäh.

Kirschmann (1999) nimmt ebenfalls an, dass unsere Vorfahren sich in der Savanne durch Aasjagd ernährt haben. Dort habe es eine hohe Gefährdung durch Raubtiere gegeben und die konnte, seiner Ansicht nach, dadurch reduziert werden, dass unsere Vorfahren sich durch das Werfen von Gegenständen, wie Steinen, Holz und Erde, gewehrt haben. (Eine Erweiterung dieser Hypothese wurde von Young (2003) mit der armed ape theory, der These vom bewaffneten Affen, entwickelt.) Da Werfen im Sitzen ineffizienter ist als im Stehen, habe das zum aufrechten Gang geführt. Selektiert wurde also auf die Fähigkeit zu werfen, nicht primär auf die Fähigkeit, aufrecht zu gehen. Nach Kirschmann muss daher die Entwicklung einer Wurftechnik für unsere Vorfahren so bedeutend gewesen sein, dass damit die Nachteile, die mit dem Übergang zur zweibeinigen Fortbewegung verbunden sind, mehr als aufgewogen wurden. Die heutigen Menschenaffen können gezielt werfen, und sie können auch über kurze Strecken zweibeinig laufen und beim Laufen werfen. Unsere Vorfahren konnten das alles vermutlich auch. Demnach war die Vervollkommnung der Wurftechnik so bedeutend, dass sie den Übergang zur zweibeinigen Fortbewegung bewirkt habe.

Der oben erwähnte Fund eines 3,3 Millionen Jahre alten Skeletts eines Australopithecinen (Alemseged et al., 2006) passt allerdings schlecht zu dieser These: Die Umgestaltung des Unterkörpers weist darauf hin, dass sich diese Person auf zwei Beinen (langsam) fortbewegen konnte. Der Oberkörper war aber noch sehr ähnlich dem von Menschenaffen. Die Selektion auf eine große Fähigkeit zu werfen hätte also im Skelett des Oberkörpers keine Spuren hinterlassen, wohl aber ein Nebenprodukt dieser Selektion: die Aufrichtung des Körpers für die zweibeinige Fortbewegung. Ein Problem für diese Hypothese ist weiterhin die Tatsache, dass im weiteren Verlauf der Evolution des Menschen die Arme im Vergleich zum Körper deutlich kürzer wurden. Schlecht passt zu dieser These auch die heute bekannte Zahnstruktur der Australopithecinen (Teaford, Unger, 2000), die eine Ernährung von rohem Fleisch und damit von verendeten großen Savannentieren sehr unwahrscheinlich erscheinen lässt. Hinzu kommt, dass die Hypothese nicht erklären kann, warum unsere Vorfahren auf ein Fell „verzichtet" haben und warum sie so effizient schwitzen konnten.

Eine Alternative zur Jagd-Hypothese stellt Niemitz (2004) vor. Er geht davon aus, dass die Anatomie der Vormenschen nur für einen Nahrungserwerb mit geringen

Geschwindigkeiten geeignet ist. Daher schlägt er vor, dass die Vormenschen ihre Nahrung vorwiegend im flachen Wasser gesucht haben. Auch Affen, einschließlich Menschenaffen, ernähren sich mitunter so, und bemerkenswerterweise bewegen sie sich bei dieser Tätigkeit vorwiegend auf zwei Beinen. Die Füße der Hominiden sind ausgesprochen groß (und – zumindest in der Übergangsphase – bestenfalls zum Wandern geeignet). Sie seien daher gut zum Stehen in sumpfigem Gelände geeignet. Niemitz (2004) nimmt an, dass der Mensch nicht eine aquatische Phase durchlaufen habe, wie von Hardy (1960) und Morgan (1991) vorgeschlagen wurde, sondern eine amphibische Phase. Der Vormensch habe sich vorwiegend vierfüßig auf dem Land und auf Bäumen und zweifüßig im Flachwasser bewegt. Die Nahrungssuche im flachen Wasser habe die Selektionsbedingung dargestellt, die zur aufrechten Körperhaltung, den langen Beinen und den großen Füßen geführt hat. Diese Hypothese sieht er dadurch gestützt, dass riesige Mengen von Muscheln- und Schneckenschalen an Lagerstellen mancher unserer Vorfahren gefunden wurden. Die heute offensichtliche Vorliebe von Menschen für Wasser beim Siedeln und besonders bei der Freizeitgestaltung könnte nach Niemitz sich aus einer diffusen, nicht bewussten „Erinnerung" an diese Zeit erklären.

Die Hypothese von Niemitz kann offenbar eine Reihe von Befunden erklären, die mit anderen Hypothesen nicht oder nur schwer vereinbar sind. Allerdings ist offen, ob es so viel Nahrung im flachen Wasser gab, dass sie für die Ernährung vorherrschend wurde und damit als Selektionsdruck die Aufrichtung des Menschen bewirken konnte. Reichholf (2008, S. 129) vermutet, dass es in den Bächen und Flüssen Ostafrikas zu der Zeit nicht genug essbare Schnecken und Muscheln gegeben hat. Zudem trocknen die Gewässer Ostafrikas – zumindest heute – periodisch aus. Außerdem verträge unsere Haut keine allzu langen Aufenthalte im Wasser. Und das Super-Kühlsystem der Menschen in Form der Schweißdrüsen wäre nicht nur überflüssig, sondern geradezu hinderlich gewesen (Näheres dazu siehe unten).

Nach Lovejoy (1981) hat eine Veränderung der Fortpflanzungsstrategie den aufrechten Gang bewirkt: Die Weibchen haben Kinder in engerem zeitlichen Abstand bekommen. Die Aufzucht von mehreren Kleinkindern gleichzeitig war nur dadurch möglich, dass sich die Männchen an der Brutfürsorge beteiligten. Zum einen habe das zu einer Individualisierung der Sexualbeziehung geführt und zum anderen, wegen des Transports von Nahrung, zum aufrechten Gang.

Viele vierbeinig sich fortbewegende Säugetiere transportieren Nahrung über große Strecken, z.B. der Hamster in den Backen und der Fuchs die gestohlene Gans im Maul. Der aufrechte Gang ist zweifellos hilfreich beim Transport von Nahrung, aber notwendig ist er dafür nicht. Unter Annahme der Hypothese von Lovejoy ist schwer zu verstehen, dass es zwar sehr umfangreiche Veränderungen im Körper gegeben hat, die für den Erwerb des aufrechten Gangs notwendig waren, dass aber unsere Hände sich entsprechend den neuen Anforderungen - Transport großer Nahrungsmengen - nicht erkennbar verändert haben. Die

Hypothese erklärt auch nicht, warum wir weitgehend unbehaart sind und stark schwitzen können.

**Die spärliche Körperbehaarung**

Haare schützen vor Verletzungen, Insektenstichen und Parasiten. Sie schützen bei starker Sonneneinstrahlung vor Hitze, vor Austrocknung und vor Hautkrebs, und sie schützen den Körper besonders gut gegen Kälte. Nachts kann es in den Savannen sehr kalt werden. Menschen, die sich heute in der Savanne oder in noch heißeren Regionen aufhalten, schützen sich in der Regel mit Kleidung vor zu intensiver Sonneneinstrahlung und vor der Kälte in der Nacht. Es müssen schon starke Selektionskräfte gewesen sein, die unsere Vorfahren veranlasst haben, auf ein Fell zu „verzichten".

Schon Darwin hat sich über die Haarlosigkeit Gedanken gemacht. Er war der Ansicht, dass sie nicht das Resultat einer natürlichen Selektion ist, sondern durch sexuelle Selektion bewirkt wurde: Männer haben haarlose Frauen bevorzugt. Diese ästhetische Präferenz führte, seiner Ansicht nach dazu, dass zwangsläufig auch die männlichen Nachkommen weitgehend haarlos wurden. Bis heute werden ähnliche Ansichten vertreten. Viele Autoren suchen heute allerdings nach Gründen, unter denen Haarlosigkeit ein Selektionsvorteil für die Vormenschen gewesen sein könnte. Vorteil heißt in diesem Zusammenhang, dass die damals vorherrschenden Lebensbedingungen den Übergang zur spärlichen Körperbehaarung förderten. Häufig wurden und werden von den verschiedenen Autoren die möglichen Selektionsvor- und -nachteile der Haarlosigkeit des Körpers und der Fähigkeit, stark zu schwitzen, gemeinsam diskutiert.

Weeler (1991a, b) nimmt an, dass für das Überleben in der offenen Savanne die Temperaturregulation von entscheidender Bedeutung war. Insbesondere bei schnellen bzw. ausdauernden Bewegungen musste die rasche und effiziente Abgabe von Wärme gewährleistet sein. Weil Menschen haarlos sind und effektiv schwitzen können, seien sie - heute - die mit Abstand besten Dauerläufer. Die Haarlosigkeit war danach eine der Voraussetzungen für eine erfolgreiche Jagd. Mit der Selektion auf die Fähigkeit zur Jagd wurde gleichzeitig auf Haarlosigkeit selektiert.

In der relevanten Literatur findet man, dass die Jäger der Khoisan im südlichen Afrika noch heute schnelle Huftiere wie Zebras oder Steinböcke ganz ohne Waffen erlegen, indem sie so lange hinter den Tieren herlaufen, bis diese zusammenbrechen. Auch die Aborigines Australiens jagen Kängurus auf diese Weise. In beiden Fällen ist die Umgebungstemperatur sehr hoch und das Gelände sehr übersichtlich. Die Tiere brechen nicht deshalb zusammen, weil sie erschöpft sind, sondern weil sie die produzierte Wärme nicht so effizient abgeben können wie ihre Verfolger, die schwitzen können. Menschen sind nicht besonders schnell: Im Sprint erreicht ein Spitzensportler 37 km $h^{-1}$, während Edelhasen, Kojoten, Rotfüchse und Pferde etwa 70 km $h^{-1}$ erreichen. Gabelantilopen sind noch deutlich schneller. Eine Strecke von 30 km kann ein Spitzensportler mit einer Geschwindigkeit von 20 km $h^{-1}$ zurücklegen. Ein Wildesel hat 26 km mit 48 km $h^{-1}$ zurückgelegt, eine Gabelantilope 11 km mit 59 km $h^{-1}$ (Hildebrand, Goslow,

2004, S. 486 f). Es ist also die Kombination aus hoher Umgebungstemperatur, Haarlosigkeit und Schweißproduktion beim Menschen, die zum Erfolg führen konnte und kann, nicht aber die Schnelligkeit. Auch der beste Dauerläufer wird mit der Methode der Khoisan nicht in der Lage sein, einen Hirsch in den mitteleuropäischen Wäldern zu erlegen. Man sollte auch in Erinnerung behalten, dass die Ausdauerjagd erst dann erfolgreich war, als die Fortbewegung auf zwei Beinen sehr effizient geworden war, also am Ende eines langen Prozesses, in dem der Körper umgestaltet wurde. Die Ausdauerjagd konnte also in der Phase der Umstellung vom vierbeinigen zum zweibeinigen Laufen nicht die Quelle der Ernährung gewesen sein, und schon gar nicht die vorherrschende. Die Ausdauerjagd hat also nicht die Selektion zum aufrechten Gang, zur Haarlosigkeit und zur Fähigkeit, stark zu schwitzen, bewirkt.

Unterhautfettgewebe hat gute Isolationseigenschaften. Es kann, wie wir von Walen wissen, in dieser Hinsicht das Fehlen von Fell ausgleichen. (Bekanntlich hatten die Vorläufer der Wale ein Fell). Niemitz (2004, S. 198) weist darauf hin, dass nur die Menschen, nicht aber die Menschenaffen ein ausgeprägtes Unterhautfettgewebe besitzen. Das Gewebe ist besonders stark an den unteren Körperteilen entwickelt und sei daher gut geeignet, den Wärmeverlust im Wasser zu reduzieren. Es wurde allerdings schon früh eingewandt, dass das Unterhautfettgewebe für eine effiziente Isolation des Körpers zu schwach ausgeprägt sei (vgl. z.B. Weeler, 1991a, b). Außerdem könne eine aquatische oder amphibische Lebensweise die besonders große Fähigkeit zu schwitzen nicht erklären, und der Verlust von Haaren sei auch nicht überzeugend erklärt, da ein Fell auch im Wasser eine sehr gute Isolationseigenschaft besitzt, wie Niemitz (2004, S. 206ff)) selbst ebenfalls vermerkt. Zudem reduziert ein starkes Unterhautfettgewebe die Beweglichkeit und erhöht gleichzeitig das Gewicht eines Individuums erheblich stärker als ein Fell mit gleichen Isolationseigenschaften. Die spärliche Behaarung des Menschen ist so wohl nicht zu erklären.

**Die Fähigkeit, stark zu schwitzen**

Menschen sind im Vergleich zu anderen Säugetieren, einschließlich Affen, geradezu übersät mit Schweißdrüsen. Montagna (1965) stellte fest, dass kein Affe auch nur annähernd soviel Schweiß produziert wie der Mensch. Selbst an den heißesten Tagen bleibt die Haut eines Affen trocken. Die Schweißdrüsen produzieren ein dünnflüssiges, wässriges Sekret, das, so Montagna, zwei Funktionen hat. (1) Schweiß soll den Körper kühlen, da Wasser eine sehr große Verdampfungswärme hat. (2) Schweiß soll die Handflächen und die Fußsohlen befeuchten. Das ermögliche einen besseren Stand, besseres Zugreifen und erhöhe die Tastfähigkeit der Finger. Es gibt zwei Typen von Schweißdrüsen. Diese sind deutlich verschieden in ihrer Reaktion auf Stimuli und in ihrer Bildung im Verlauf der Embryogenese. Die der ersten Kategorie produzieren Schweiß in Reaktion auf Hitze, die der zweiten in Reaktion auf psychischen Stress.

Schwitzen hat nicht nur positive Effekte. Wir alle wissen, dass Menschen so schwitzen können, dass der ganze Körper nass wird. Unter dem Einfluss von Angst können unsere Handflächen und Fußsohlen so nass werden, dass Verteidigung oder Flucht, z.b. auf einen Baum, ernstlich in Frage gestellt ist. Der Griff kann durch Schwitzen erheblich schlechter werden. Turner benutzen daher Talkum-Pulver, wenn ihre Hände zu feucht sind, um sich an der Reckstange oder am Barren zu halten. Darüber hinaus müssen wir wohl annehmen, dass ein Raubtier einer potentiellen Beute, die in so starkem Maße Angstschweiß produziert, wie wir es können, mühelos folgen kann. Ein Hund kann dem Fußschweiß folgen, den ein Mensch durch die Schuhsohle hindurch auf dem Boden hinterlässt. (Natürlich erst, nachdem die Schuhe eine Weile von dem Besitzer getragen wurden). Schwitzen führt zudem zu einem hohen Verlust an Wasser. Kein Säugetier vergleichbarer Körpergröße braucht soviel Wasser wie der Mensch. Für Montagna (1965) sieht Schwitzen wie ein großer biologischer Schnitzer aus: Es führt nicht nur zum Verlust von Wasser, sondern auch von Natriumionen und anderen essentiellen Elektrolyten. Beides aber, Wasser und Salze, sind Mangelware in der Savanne.

Es ist unbestritten: Schwitzen kann den Körper hervorragend kühlen. Aber wenn es eine Selektion daraufhin gegeben haben sollte, dass unsere Vorfahren beim schnellen Laufen in der Savanne durch Schwitzen überschüssige Wärme abgeben konnten, warum haben wir dann die höchste Dichte von Schweißdrüsen auf der Innenseite der Hände, den Fußsohlen und den Achselhöhlen, während wir z.B. eine zehnmal geringere Dichte dieser Drüsen im Nacken haben, wo doch der Nacken auf Grund seiner Position hervorragend geeignet wäre, Wärme abzuführen? Offen bleibt auch, wozu Menschen eine so effektive Kühlung brauchen, während andere Tiere der Savanne ohne solche Kühlung sehr gut zurechtkommen. Warum schwitzen wir so exzessiv bei psychischem Stress? Warum ist der Mensch nackt, während vergleichbar große und schwere Säugetiere, die in der gleichen Region bei gleichem Klima leben, ein Fell haben? Wie Niemitz (2004, S. 17) formuliert: „Die Frage lautet also, warum wir, entgegen dieser funktionellen Nachteile [die mit dem aufrechten Gang verbunden sind] trotzdem als Zweibeiner existieren".

Zusammenfassend muss man feststellen: Es gibt zur Zeit keine Hypothese, die überzeugend erklären kann, warum wir aufrecht gehen, haarlos sind und effektiv schwitzen können. In der Phase der Umstellung war weder das vierbeinige noch das zweibeinige Laufen schnell. Folglich wurde die Fortbewegung auf zwei Beinen nicht durch die Jagd und für die Jagd erworben, sondern war das Resultat einer Selektion auf eine ganz andere Ernährungs- und Lebensweise. Die Zahnstruktur der Australopithecinen weist daraufhin, dass sie Fleisch aus einem Beutetier nicht herausreißen konnten. Das macht Aasjagd ebenfalls unwahrscheinlich. Und für die ist der aufrechte Gang nicht erforderlich. Auch wenn die zweibeinige Fortbewegung auf Bäumen als Zwischenstufe angesehen wird, war mit dem Beginn des Bodenlebens die Fortbewegung noch nicht so effizient, dass eine Ausdauerjagd erfolgreich sein konnte. Jagdwaffen für die Pirsch waren beim Beginn der Aufrichtung sicher ebenfalls noch nicht entwickelt. Den Übergang von der schnellen vierbeinigen zur langsamen und schwerfälligen zweibeinigen Fortbewegung sehr gut erklären kann allerdings die Hypothese einer amphibischen Phase. Außerdem finden die großen Füße der Menschen hier eine gute Erklärung. Das Untersuchungsresultat der Zähne passt ebenfalls. Nicht erklärt wird dagegen mit dieser Hypothese die Haarlosigkeit und die besonders große Fähigkeit zu schwitzen.

Was also geschah mit den Vormenschen gegen Ende des Tertiär, als die Wälder im Osten Afrikas schrumpften und die Savannen sich ausbreiteten?

## Hypothese 1: Steppen- und Buschbrände wirkten als Selektionsfaktoren

Meine Hypothese ist: Der Übergang von der vierbeinigen zur zweibeinigen Fortbewegung wurde durch eine Änderung in der Ernährung bewirkt. Anders als ihre Vorfahren haben sich die Vormenschen zunehmend mehr von Opfern, die ein natürlicher Steppen- oder Buschbrand hinterlässt, ernährt. Steppen- und Buschbrände wirkten als Selektionsfaktoren.

Gegen diese Hypothese spricht, dass es bisher keine archäologischen Funde gibt, die darauf hinweisen, dass unsere Vorfahren am Beginn der Menschwerdung spontane, nicht selbst erzeugte Busch- und Steppenbrände für ihre Ernährung genutzt haben. Ich wüsste allerdings auch nicht, wie solche Nachweise aussehen könnten. Die Zähmung des Feuers als Herdfeuer ist nach heutigem Stand der Forschung erst etwa 800 000 Jahre her.

Was für die Hypothese spricht:

Der aufrechte Gang, insbesondere wenn die Beine lang und gerade sind, führt zu einer großen Entfernung des Körpers vom heißen Boden. Das ist zweifellos günstig. Die hohe Schweißproduktion, durch Hitze und psychischen Stress bewirkt, schützt die Haut vor Verbrennungen und kühlt den Körper. Schwitzen schützt dann effektiv, wenn der Körper unbehaart ist. Die Haut muss benetzt werden, damit die Verdampfungswärme vom Schweiß den Körper kühlen kann. Ein Schweißtropfen, der an einem Haar entlang nach außen geleitet wird, trägt nicht zur Kühlung bei. Zum Vergleich: Die typische Saunatemperatur beträgt etwa $90^0$ C. Eine Temperatur von $130^0$ C ist noch zu ertragen. In 15 Minuten verliert ein Mensch dabei bis zu 200 ml Schweiß. Ein Hund könnte einen solchen Saunabesuch nicht überleben. Die Schweißproduktion ist besonders hoch an den Handflächen und an den Fußsohlen. Ersteres schützt beim Suchen nach Nahrung in der Glut, und letzteres ermöglicht es, einen noch heißen Boden zu betreten. (Bei Angst bekommt man leicht „kalte", d.h. feuchte Füße.) In vielen Kulturen, rund um den Erdball, war Feuerlaufen Tradition. Empirische Untersuchungen haben gezeigt, dass eigentlich jeder in der Lage ist, über glühende Holzkohlen zu laufen. Das soll dann gefahrlos sein, wenn man mit der ganzen Sohle auftritt und nicht nur mit der Fußspitze. Man soll zügig gehen, aber nicht laufen, denn Laufen führt zur Verlagerung des Gewichts auf den Vorderfuß. Die bei den Menschen im Vergleich zu den Menschenaffen besonders großflächige Fußsohle ist also für das Feuerlaufen bestens geeignet und war deshalb für den Nahrungserwerb der Vormenschen hinter der Feuerfront bestens geeignet.

Insbesondere die hohe Verdampfungswärme von Schweiß verhindert die Verbrennung. Dazu kommt, dass die Fußsohle sehr gut durchblutet ist. Ohne große Bedeutung ist dagegen der sog. Leidenfrost- Effekt, also die Bildung eines Dampfpolsters zwischen Glut und Haut, beim Feuerlaufen. Denn das Dampfpolster ist nicht in der Lage, das Körpergewicht eines Menschen zu tragen.

Je länger die Hinterextremitäten und je besser der aufrechte Gang entwickelt war, je haarloser die Haut und je besser das Schwitzen entwickelt war, desto näher konnte ein Vormensch einem Feuer kommen bzw. desto eher ehemals brennendes Gebiet betreten. Das bedeutete für den Vormenschen weniger Konkurrenten der eigenen Art und auch weniger Konkurrenz durch andere Arten. Darüber hinaus sank auch die Gefahr, von Raubtieren angegriffen zu werden. Diese Gefahr war klein, obwohl die Vormenschen sich sicher lange Zeit nur sehr langsam fortbewegen konnten und dabei weithin sichtbar waren.

Zu dieser Hypothese passt auch die Anatomie des oben erwähnten Kindes, das vor 3,3 Millionen Jahren gelebt hat (Alemseged et al., 2006). Das Kind ging aufrecht, und es ging langsam. Offenbar hatte es eine Selektion gegeben, die den Körper soweit wie möglich vom Boden entfernte. Für die Nahrungssuche und für die sonstige Lebensweise war offenbar eine schnelle Fortbewegung nicht notwendig. Der Bau des Oberkörpers, einschließlich der Arme, der Schultern und des Gleichgewichtsorgans, war dem von Menschenaffen noch sehr ähnlich.

Heute leben viele Organismen von Steppen- und Buschbränden, wie Störche und Reiher. Sie folgen der

Feuerfront und sammeln "gegrillte" oder auch nur aufgestörte Kleinsäuger, Echsen und Insekten ein. Eier und Jungtiere sind durch Brände besonders gefährdet. Um kleine Organismen mögen damals die Vormenschen mit Störchen und Reihern konkurriert haben und um große Organismen mit Geiern, Marabus, Schakalen, Hyänen und Raubkatzen. Wegen seiner überragenden Fähigkeiten zu schwitzen kann ein Mensch vermutlich näher an ein Feuer heran als jeder andere Organismus. Und alle seine Nahrungskonkurrenten fürchten zu Recht das Feuer und können daher z.B. mit Hilfe von brennenden Zweigen verscheucht werden. Nach Reichholf (2010, S. 173 ff) stellte ein Steppenbrand für den Frühmenschen, *Homo erectus*, eine zusätzliche Möglichkeit dar, an Nahrung zu kommen. *Homo erectus* ging, wie der Name sagt, aufrecht. Die Erfahrung mit "gegrilltem" Fleisch könnte nach Reichholf die Domestikation des Feuers eingeleitet haben. Möglicherweise haben unsere Vorfahren bereits vor 1,9 Millionen Jahren mit dem Kochen begonnen (Wrangham, 2009). Archäologische Funde haben bisher jedoch keinen Hinweis auf Herdfeuer gefunden, die älter als 800 000 Jahre sind. Im Gegensatz dazu wird hier vorgeschlagen, dass der Nahrungserwerb mit Hilfe des Feuers in der Savanne so wichtig war, dass er bei den Vormenschen den aufrechten Gang, die Haarlosigkeit und die Fähigkeit, stark zu schwitzen, bewirkte.

Die bereits erwähnte Untersuchung der Zähne der Australopithecinen ergab, dass sich diese Menschen nicht von zähen Früchten, nicht von Blättern und auch nicht von rohem Fleisch ernähren konnten (Teaford, Unger, 2000).

Insbesondere ergaben die Untersuchungen, dass in der Entwicklung vom Affen zu den Australopithecinen die Fähigkeit, zähe Nahrung, einschließlich Fleisch, zu zerkleinern, abgenommen hat. Das passt zu meiner Hypothese, dass die Vormenschen kein rohes Fleisch, sondern „gegrillte" Objekte gegessen haben, von Heuschrecken bis hin zu großen Säugetieren. Wie wir wissen, sind unsere Zähne durchaus in der Lage, gegrilltes Fleisch zu zerkleinern. Das Fleisch der großen Huftiere wurde vermutlich nur oberflächlich gar und konnte daher nicht vollständig als Nahrung dienen. Vielleicht wurden solche Objekte, nach dem Abnagen der garen Partien, wieder zurück ins Feuer geschoben – falls vorhanden –, um den Grillprozess fortzusetzen. Passend zu meiner Hypothese ist auch, dass die Zähne der Australopithecinen als Abnutzungserscheinungen Rillen an der Backenzähnen und Vertiefungen an den Schneidezähnen aufweisen (Grine, 1981; Ryan und Johanson, 1989; zitiert nach Reed und Fish, 2005). Diese Spuren weisen nach Ansicht von Janis (1988, zitiert nach Reed und Fish, 2005) und Reed und Fish (2005) darauf hin, dass die Menschen ihre Nahrung nicht aus den Bäumen holten; sie weisen nicht auf besondere Eigenschaften der Nahrung selbst hin, sondern darauf, dass die Nahrung dicht über oder direkt vom Boden aufgenommen wurde. Damit sei unvermeidbar auch Staub und Sand aufgenommen worden, und das habe zu diesen Abnutzungserscheinungen geführt. Diese Befunde sind also gut vereinbar mit der Annahme, dass die Australopithecinen verendete gegrillte Objekte vom Boden aufgelesen und gegessen haben.

Aber: Hat es in den Savannen Ostafrikas überhaupt genug Brände gegeben? Waren am Beginn der Menschheitsentwicklung Brände so häufig, dass sie als Selektionsbedingungen den aufrechten Gang hervorgebracht haben können? Diese Frage lässt sich im Nachhinein wohl kaum eindeutig beantworten. Argumente für hinreichend viele Brände wären allerdings: (1) Wie oben erwähnt, leben heute Vertreter sehr unterschiedlicher Tiergruppen recht erfolgreich als Aasjäger von natürlichen Bränden. (2) Die Savannen Ostafrikas sind heute an vielen Stellen durch Galeriewälder so in Parzellen unterteilt, dass Brände lokal bleiben, also für umherziehende Tiere die Möglichkeit bieten, sie aktiv zu meiden bzw. aufzusuchen. Ähnliche Bedingungen sollen am Ende des Tertiär in den entsprechenden Gebieten geherrscht haben. (3) Brände entstehen bevorzugt während der Trockenzeit, das heißt, gerade zu der Zeit, zu der das Nahrungsangebot im Allgemeinen knapp ist. Ein spezielles Nahrungsangebot zu dieser Zeit kann also einen ausgesprochen starken Einfluss auf das Überleben einer Art gehabt haben. (4) In den Savannen Ostafrikas, die nahe am Äquator liegen, kann man jährlich zwei Regenzeiten und zwei Trockenperioden erwarten. (5) In einigen Savannen findet gegenwärtig am selben Ort in nahezu jeder Trockenperiode ein Brand statt. Trotz alledem ist ein natürlicher Steppenbrand eine unzuverlässige Nahrungsquelle. Die Vormenschen müssen auch andere Nahrungsquellen genutzt haben, wie Grassamen (Jolly, 1970), Wassertiere (Niemitz, 2004), Wurzeln und Früchte.

Niemitz (2004, S. 198) weist darauf hin, dass einzig die Menschen, nicht aber die Menschenaffen, ein ausgeprägtes

Unterhautfettgewebe besitzen. Das kann nun nicht nur vor Wärmeverlust beim Nahrungserwerb im Wasser schützen, wie Niemitz vorschlägt, sondern auch als Nahrungsspeicher dienen. Gorillas und Schimpansen leben von einer vergleichsweise nährstoffarmen Nahrung. Aber die Versorgung damit ist meist zuverlässig. Vielleicht haben diese Affen wegen der Zuverlässigkeit des Nahrungsangebots kein dickes Unterhautfettgewebe entwickelt. Hinzu kommt, dass ein ausgeprägtes Unterhautfettgewebe das Besteigen von Bäumen stark erschwert. Für Affen ist das entscheidend, für die Vormenschen zunehmend weniger. Man kann also vermuten, dass die starken Schwankungen im Nahrungsangebot – nur nach einem Brand war der Tisch reichlich gedeckt - einen Selektionsdruck hervorgebracht haben, der die Ausbildung eines Unterhautfettgewebes begünstigt hat.

Die Liebe der heutigen Menschen zum Wasser (Flüsse, Seen, Ozeane) wurde, von Niemitz, als Argument für eine amphibische Phase in der Evolution des Menschen angeführt. Der Anblick einer Wiese, auf der einen Seite von Wald begrenzt und auf der anderen von einem See oder Fluss, löst heute bei vielen Menschen Wohlgefühle aus. Nach Niemitz könnte das seine Ursache in einer „Erinnerung" an den ursprünglichen Nahrungserwerb im Flachwasser haben (S. 197). Niemitz (S. 154 ff) weist darauf hin, dass in Afrika trübes Wasser sehr wohl zum Trinken geeignet ist und dass klares Wasser erlaubt, eventuelle Feinde wie Krokodile früh zu orten. Das sei möglicherweise der Grund, warum Menschen auch heute noch eine besondere Vorliebe für klares Wasser haben.

Allerdings fühlen sich heute viele Menschen am Wasser wohl, ohne hineinzugehen, wie Niemitz (S. 189) empirisch ermittelt hat. Der Anblick von Wasser kann aber auch sehr beruhigend sein, wenn es häufig Steppenbrände gibt, ja wenn man brandgefährdeten oder sogar noch brennenden Boden aktiv aufsucht. Es ist sicher beruhigend, wenn man auf eine Feuerfront zugeht und hinter sich klares und damit gefahrlos zu betretendes Wasser weiß, in das man sich notfalls zurückziehen kann. Und außerdem benötigen Menschen extrem viel Trinkwasser, ganz besonders wenn sie schwitzen.

Haben wir heutigen Menschen eine Erinnerung an den hier als Hypothese vorgestellten frühen Nahrungserwerb? Auf „Stadtmenschen" übt Feuer eine große Faszination aus, als Kaminbrand, als Großfeuer oder als Feuerwerk. In vielen Religionen spielten und spielen Feuer- und Brandopfer - mitunter auch von Menschen - eine große Rolle. Feuerbestattungen sind weit verbreitet. Für die Christen ist der schlimmste aller Orte - die Hölle - ein Ort, an dem es brennt. Von Tätowierungen, einschließlich Narbenzeichnungen, wird vermutet, dass sie ursprünglich Teil von Initiationsriten waren. Tätowierungen gibt es in fast allen Kulturen rund um die Erde. Entweder wurden sie unabhängig mehrfach entwickelt, oder sie haben eine gemeinsame Grundlage, die dann aber sehr lange zurückliegt. Vielleicht gehen Tätowierungen auf Brandverletzungen zurück. Sie könnten zeigen, dass man sich selbständig und furchtlos der Feuerfront genähert hat. Vielleicht „erinnert" ja auch die Lust am Schwitzen in der Sauna an die frühe heiße Zeit im „Schlaraffenland".

Wenn meine Hypothese, dass Busch- und Steppenbrände als Selektionsfaktoren wirkten, haltbar sein sollte, dann stellt sich die Situation folgendermaßen dar: Mit dem Zurückweichen der Wälder und dem Vordringen der Savannen ergaben sich für den Vormenschen neue Lebensbedingungen, insbesondere eine neue Art Nahrung zu beschaffen. Die Vormenschen ernährten sich - insbesondere in den Trockenperioden - zunehmend mehr von Beute, die einem Busch- oder Steppenbrand zum Opfer gefallen waren. Diese Bedingungen förderten eine Veränderung im Körperbau hin zum aufrechten Gang, zur Haarlosigkeit und zur Fähigkeit, stark schwitzen zu können. Diese Nahrungssuche ermöglichte den Übergang vom schnellen und geschickten vierbeinigen Laufen zum zweibeinigen, wobei in der Zwischenphase eine schwerfällige zweibeinige Fortbewegung zwar von Nachteil, aber doch geeigneter als die vierbeinige war. Die Bedingungen förderten auch die Ausbildung großer Fußsohlen, förderten, dass auf den Fußsohlen und den Handflächen die Schweißproduktion besonders stark wurde, förderten die Umgestaltung im Gebiss in der Richtung, dass die neue Nahrung effizient aufgenommen und zerkleinert werden konnte, und förderten die Ausbildung eines Unterhautfettgewebes als Nahrungsspeicher. Dass sich die Vormenschen beim Nahrungserwerb nur langsam fortbewegen konnten und durch den aufrechten Gang für Beutejäger weithin sichtbar waren, hatte für sie nur einen geringen Nachteil, da niemand ihnen in das heiße Gelände folgen konnte.

## Hypothese 2: Für das Auffinden der Nahrung war der Geruchssinn entscheidend

Nach heutiger Kenntnis haben sich die Vorfahren der Vormenschen vorwiegend vegetarisch ernährt, so wie die Menschenaffen heute. Mit der Umstellung der Ernährung mussten die Vormenschen die überkommenen Kriterien für geeignete Nahrung aufgeben und neue Kriterien entwickeln. Hinzu kam, dass sie ihre neue Nahrung erst einmal finden mussten. Nach einem Brand sind viele der Organismen, die als Nahrung geeignet sind, halb verkohlt und damit optisch kaum von den ebenfalls halb verkohlten Resten von Kräutern, Früchten, oder Sträuchern zu unterscheiden. Ein Teil der Nahrung wird wohl so schwarz gewesen sein wie der Untergrund. Meine These ist, dass der Geruchssinn unseren Vorfahren eine zunehmend größere Hilfe beim Auffinden und auch bei der Beurteilung der Nahrung wurde. In der Übergangsphase, die lange gedauert haben mag, haben unsere Vorfahren vermutlich zunächst nur von einem Brand aufgeschreckte Organismen erbeutet. Dann haben sie getötete Organismen zu sich genommen, die zwar noch weitgehend wie die lebenden aussahen, aber - da sie angebraten waren - fremdartig rochen. Und dann übernahm zunehmend dieser fremdartige Geruch weitgehend allein die Regie.

Auf den ersten Blick passt diese Hypothese nicht gut zu den gängigen Vorstellungen. Im Vergleich zu Menschenaffen kann der Mensch angeblich ausgesprochen schlecht riechen. In der einschlägigen Literatur findet man, dass mit dem Beginn des aufrechten Gangs der Mensch sich zunehmend optisch orientiert habe und der Geruchssinn daher eine abnehmende Bedeutung bekommen habe. Tatsächlich ist die Anzahl der Geruchsrezeptoren beim Menschen nicht einmal halb so groß wie bei Menschenaffen. Allerdings gibt es Gerüche, die wir Menschen über weite Entfernungen bzw. in sehr kleinen Konzentrationen wahrnehmen können und die nahezu alle anderen Gerüche übertönen. Dazu gehört der Geruch von Holzfeuer und von gebratenem Fleisch. Erfahrungsgemäß unterbrechen Spaziergänger im Wald jedes Gespräch und mustern dafür aufmerksam die Umgebung, wenn die ersten schwachen Spuren eines solchen Geruchs sie erreichen. Die Gerüche lebender Tiere, die in der Regel ebenfalls vorhanden sind, wie Mäuse, Kaninchen, Rehe oder Wildschweine nehmen wir, anders als ein Hund, nahezu nicht wahr. Auch der Geruch einer ganzen Rosenhecke kann sich nicht so in den Vordergrund drängen wie der von Holzfeuer oder gebratenem Fleisch.

Beim Braten von Fleisch bilden sich aus Aminosäuren und verschiedenen Zuckern in der sogenannten Maillard-Reaktion flüchtige Aromastoffe, wozu auch der typische Bratenduft gehört. Die Maillard-Reaktion ist nicht auf gegrillte tierische Organismen beschränkt, sondern findet auch beim Braten, Rösten und Backen nährstoffreicher Pflanzenteile statt. Wesentliche Aromastoffe von Bratkartoffeln und gerösteten Zwiebeln sind Reaktionsprodukte der Maillard-Reaktion. Abhängig von den Reaktionspartnern, der Reaktionstemperatur und anderen „experimentellen" Bedingungen kann eine große Anzahl (über 1000) unterschiedlicher Aromastoffe dieser Substanzklasse aus natürlich vorkommenden Aminosäuren und Zuckern gebildet werden. Mit anderen Worten: Diese Aromastoffe weisen auf für die Menschen zentrale Nährstoffe hin, in welchem Organismus sie auch immer sich befinden. Wie wir ebenfalls wissen, werden Pflanzenteile, die im natürlichen Zustand ungenießbar bzw. giftig sind, durch das „Garen" genießbar. Wurzeln, Samen und Früchte, die im rohen Zustand so zäh sind, dass unsere Vorfahren sie nicht essen konnten, werden durch Garen weich und damit genießbar. Darüber hinaus wird die Nahrung für die Verdauung aufgeschlossen.

Mit dem Garen und Braten änderte sich der Geruch der Pflanzenteile: Er wurde dem von bisher gegessenen - gegarten - Pflanzen oder Tieren ähnlich. Diese Ähnlichkeit im Geruch verbunden mit der Schwierigkeit, diese Pflanzenteile in halb verkohltem Zustand sicher einer bisher gemiedenen oder nicht beachteten Pflanze zuordnen zu können, mag zur Entdeckung verschiedener "Gemüse" geführt haben, die für die Vormenschen bis dahin nicht essbar waren. Damit hätte sich das Nahrungsangebot zusätzlich vergrößert. Diese Gerüche lassen uns heute das „Wasser im Mund zusammenlaufen". Den Vormenschen mag es ähnlich gegangen sein. Als sie also gelernt hatten, diese Aromastoffe zu orten und sie als Indikator für Nahrung zu benutzen, war es ihnen möglich, Nahrung aufzufinden, die optisch kaum vom Hintergrund zu unterscheiden war.

Einige dieser Substanzen, z.B. das Fleischaroma Bis-2-methyl-3-furyl-disulfid, werden heute künstlich erzeugt und in der Lebensmittelindustrie als Aromastoffe eingesetzt

(Barham, 2001, S. 48). Und diejenigen, die diese Substanzen einsetzen, wissen, dass sie damit die Attraktivität der Nahrung nicht nur erhöhen, sondern sogar eine mögliche Ekelschwelle überwinden können.

Für die erfolgreiche Nahrungssuche hinter der Feuerfront war nicht nur das Auffinden von genießbaren Objekten nötig. Es gab auch einen starken Selektionsdruck, verkohlte und verdorbene Anteile einer potentiellen Nahrung zu erkennen. Beides geht mit Hilfe des Geruchssinns. In hoch erhitzten Fetten, und damit in verkohltem Fleisch, wird aus Glycerin das Keton Acrolein gebildet. Acrolein hat einen stechend reizenden Geruch. Es ist sehr reaktionsfähig und ausgesprochen giftig. Wir sind in der Lage, schon sehr geringe Konzentrationen wahrzunehmen. Auch der stechende Geruch von Holzfeuer geht weitgehend auf Acrolein zurück. Auf Verwesung und auch auf Kot weisen verschiedene Amine hin, wie Skatol, Cadaverin, Putrescin und Neurin. Diese Amine sind Abbauprodukte von Aminosäuren. Wir können sie ebenfalls schon in sehr kleinen Konzentrationen wahrnehmen. Der Geruch wird als unangenehm empfunden, so unangenehm, dass er uns vom Verzehr eines „Objekts" abhält. Das ist auch sehr gut so. Wir sind keine Aasfresser. Für „echte" Aasfresser ist der Geruch dagegen ausgesprochen attraktiv. Für sie ist das verweste Fleisch genießbar. Die Substanzen selbst sind nur mäßig giftig, aber sie weisen auf bakterielle Verunreinigungen und auf Kot hin. Vermutlich war die besonders gut entwickelte Wahrnehmung dieses Geruchs für Menschen besonders vorteilhaft: In halb verkohltem Zustand ist eine optische Unterscheidung von bei einem Brand umgekommenen und dann gebratenen Tieren einerseits und von schon halbverwesten, nachträglich angebratenen andererseits mitunter kaum möglich. Bei einer solchen Abwägung hilft auch heute noch der Geruchssinn.

Es soll hier nicht bestritten werden, dass sich der Geruchssinn bei der Menschwerdung zurückentwickelt hat. Aber ich denke, die Bedeutung des Geruchsinns wird heute unterschätzt. Beispielsweise gibt es Gerichte, die optisch kaum von Schlamm oder sogar von noch unästhetischeren Objekten zu unterscheiden sind, wie z.b. Bratensoße und manche Würstchen. Wir essen sie aber trotzdem, und zwar deshalb, weil sie die Geruchskontrolle passieren. Der optische Eindruck eines Gerichts ist tatsächlich zweitrangig. Ich vermute, die Kunst der Haute Cuisine liegt zu einem nicht unbeträchtlichen Teil darin, eine abgestimmte Mischung diverser Aromastoffe der Maillard-Reaktion zu erzeugen und gleichzeitig Substanzen, die auf Verdorbenes und stark Verbranntes hinweisen, zu vermeiden. Aus der ursprünglichen Notwendigkeit, nach einem Brand Nahrung aufspüren zu können, "gegrillte" Tiere zu finden, die noch keine Spuren von Verwesung zeigen, verkohlte Tiere zu meiden und ungenießbare oder giftige Pflanzenteile von genießbaren - da gegarten - zu unterscheiden, hat sich eine Esskultur entwickelt, die noch immer auf den gleichen Grundlagen beruht. Bei den Vormenschen mussten optische Kriterien für die Beurteilung der Nahrung zurücktreten. Optisch gaben die „Gerichte" wenig her.

Das merkwürdig starke Engagement bei Mitgliedern der sogenannten westlichen Zivilisation am Grillen von Fleisch auf Holzkohlenfeuer (möglichst noch in spärlich bekleidetem

Zustand) mag als weiteres Argument dienen: Die geglückte Balance zwischen gegrillt und verbrannt ist für viele der ultimative kulinarische Hochgenuss. Denkbar ist daher, dass das Glücksgefühl, das dieser Geruch vermittelt, uralt ist, älter als die Beherrschung des Herdfeuers. So alt wie die Menschheit selbst. Warum, kann man sich fragen, haben die Menschen dann ein so eingeschränktes und damit spezialisiertes Geruchsvermögen? Denkbar ist, dass es für unsere Vorfahren ein entscheidender Selektionsvorteil war, ihre gegrillte Nahrung sicher orten zu können, ohne dabei von anderen Gerüchen abgelenkt zu werden: Ein lebendes Tier war in der Regel für den sich zweibeinig und damit ausgesprochen unbeholfen fortbewegenden Vormenschen viel zu schnell, um als Beute in Frage zu kommen. Nur tote Tiere waren gute Tiere. Reife Früchte waren in der Savanne und in den Galeriewäldern Mangelware bzw. zunehmend schwerer zu erreichen. Bei der Menschwerdung mögen die Kriterien für die Beurteilung von Früchten als essbar oder als nicht essbar, über Aussehen und Geruch, unverändert erhalten geblieben sein. Da die Früchte aber zunehmend schwerer zu erreichen waren, mussten die neuen Düfte, wie Bratengeruch, sich bei den Vormenschen in den Vordergrund drängen können.

Auch das Interesse an scharf gewürzten Speisen hat vielleicht sehr alte Wurzeln. Die für die Schärfe verantwortlichen Substanzen in Pfeffer und Paprika binden an Rezeptoren (Capsaicin-Rezeptoren) des Trigeminus, die „eigentlich" als Warnung vor Verbrennungen im Gesicht „gedacht" sind. Auf scharfe (im Englischen zutreffend als

„hot" bezeichnete) Speisen reagieren wir mit Schweißausbrüchen im Kopfbereich. Warum mögen wir das? Unsere Speisen müssen weder heiß serviert werden, noch müssen sie scharf schmecken, um genießbar zu sein. Vielleicht beruht die Attraktivität der Eigenschaft scharf / heiß zu einem nicht unerheblichen Teil auf einer „Erinnerung" an den frühen Nahrungserwerb in der heißen Umgebung.

## Hypothese 3: Mit dem Beginn der Jagd veränderten sich die Selektionsbedingungen erneut

In der zweiten Phase dieses hypothetischen Evolutionsablaufs haben die Menschen für ihren Nahrungserwerb Brände gelegt. Die Versorgung mit Nahrung war dadurch sicher zuverlässiger als durch Warten auf natürliche Brände, barg aber in sich den Keim der Katastrophe durch Übernutzung und langfristiges Vergrämen von Beutetieren. Wie lange diese Phase angehalten hat, ist schwer zu sagen. Prideaux et al. (2007) fanden gute Argumente dafür, dass vor etwa 40 000 Jahren die Erstbesiedler von Australien Brände gelegt, dadurch die Fauna erheblich dezimiert und eine Versteppung bewirkt haben. Die Autoren fanden keinen Hinweis darauf, dass für die erfolgte Versteppung ein Klimawechsel verantwortlich gewesen wäre. Die Erstbesiedler Australiens hätten auch nicht Brände gelegt, um für den Ackerbau nutzbare Flächen zu gewinnen, sondern um Tiere zu erbeuten. Bis in die jüngste Zeit haben die Aborigines keinen Ackerbau betrieben.

Abgelöst wurde diese Phase der Nahrungsbeschaffung durch Jagd (ohne Brände zu legen) und, sehr viel später dann, durch Weidewirtschaft und Ackerbau. Während dieser Zeit beschafften sich die Menschen sicherlich weiterhin einen beträchtlichen Teil ihrer Nahrung durch Sammeln. Die Jagd war möglich, als die Fortbewegung auf zwei Beinen hinreichend schnell geworden war. In Kombination mit der - ebenfalls für einen völlig anderen Zweck entwickelten - Haarlosigkeit und der Fähigkeit, stark zu schwitzen, erlaubte das in einem heißen und übersichtlichen Gelände die Ausdauerjagd ohne Waffen. Ein interessanter Aspekt hierbei ist, dass die ursprüngliche Art der Nahrungsbeschaffung Änderungen im Körperbau hervorbrachte, die, als sie sich durchgesetzt hatten, eine neue, ganz andere Form der Nahrungsbeschaffung ermöglichten. Gerade weil die Selektion Erfolg hatte, hatte sich das Ziel der Selektion überlebt. Die zweibeinige Fortbewegung war Voraussetzung für die Nutzung von Jagdwaffen. Steinwerkzeuge mögen lange vorher zum Öffnen des Schädels und von Röhrenknochen großer Steppentiere benutzt worden sein. Aber erst die schnelle Bewegung auf zwei Beinen, ohne Benutzung der Hände, machte den Weg frei, diese und andere Werkzeuge als Jagdwaffen für die Pirschjagd einzusetzen. Anders als die Ausdauerjagd war die Pirschjagd in unübersichtlichem Gelände erfolgreich. Daher gingen einige unserer Vorfahren wieder zurück in die Wälder, andere bis in die Polarregionen. Bis zum Beginn der Landwirtschaft hat sich neben dem Sammeln von Nahrung die Pirschjagd als wichtigster Weg der Nahrungsbeschaffung überall durchgesetzt. Auch die Khoisan und den Aborigines gehen auf Pirschjagd.

Mit dem Beginn der Nahrungsbeschaffung durch Pirschjagd änderten sich die Selektionsbedingungen erneut: Die Haarlosigkeit des Körpers und die Fähigkeit zum exzessiven Schwitzen wurden unwichtig, ja sie stellten sogar einen Nachteil dar. Eine Behaarung als Tarnung bei der Pirschjagd wäre damals hilfreich gewesen. Hitze und Kälte setzten unseren Vorfahren und setzen uns ja auch heute noch zu. Ein Fell zur Temperaturregulation wäre auch heute nützlich, insbesondere für die, die in extrem kalten Regionen leben. Trotz alledem: Ein Fell haben wir (bisher) nicht wieder entwickelt. Für das Sammeln von Nahrung und für die Landwirtschaft ist die Fähigkeit, stark zu schwitzen, zumindest unnötig. Bei der Pirsch ist sie geradezu hinderlich.

## II. Die Rolle des Schönheitsideals bei der Durchsetzung des aufrechten Gangs

**Hypothese 4: Die natürliche Selektion änderte das Schönheitsideal nur langsam**

Die Diskussion in diesem Abschnitt beruht auf der Annahme, dass Schönheitsvorstellungen eine rationale Grundlage haben. Diese Grundlage ist uns allerdings nicht bewusst, sonst würden wir nicht ästhetische Empfindungen für eine Bewertung anführen. Einige dieser rationalen Grundlagen haben für das Leben heute, und speziell für die Partnerwahl heute, eine Bedeutung; für andere ergibt sich ein Sinn nur in den Lebensbedingungen vergangener Epochen. Um die letzteren geht es in diesem Abschnitt. Wenn in der Vergangenheit neue Umweltbedingungen eine deutliche Veränderung von Gestalt und Verhalten gefördert haben (natürliche Selektion), dann hat sich das Schönheitsideal nicht umgehend entsprechend geändert (sexuelle Selektion), sondern hat sich nur langsam geändert. Damit verhindert die sexuelle Selektion, dass nur für eine kurze Zeit vorhandene neue Gegebenheiten in den Umweltbedingungen dramatische Veränderungen in der Population bewirken. Wenn das Schönheitsideal der Arterhaltung aber dauerhaft im Wege steht, ändert es sich, oder die Art geht unter. Es wird sich soweit ändern, dass es eine „Anpassung" in Körperbau und Verhalten an die neuen Lebensbedingungen nicht nur nicht mehr bremst, sondern sogar fördert. Und das geht solange, bis die Lebensbedingungen erneut eine nachhaltige Veränderung von Gestalt und Verhalten begünstigen. Weil das Schönheitsideal sich nur mit einer langen Verzögerung den neuen Lebensbedingungen anpasst, kann das heute herrschende Schönheitsideal einen Blick auf Lebensbedingungen ermöglichen, die schon lange nicht mehr existieren.

Ein Hindernis für Veränderung im Körperbau der Vormenschen waren sicher die Vorstellungen, die unsere Vorfahren davon hatten, wie jemand auszusehen hat, der den Anforderungen des Lebens gewachsen ist. Fassen wir diese Vorstellungen schlagwortartig als Schönheitsideal zusammen. Mit der Änderung der Ernährungsweise ergibt sich folgendes Problem: Nehmen wir einmal an, einer unserer Vorfahren habe sich infolge von geeigneten Mutationen in Richtung aufrechter Gang, Haarlosigkeit und Fähigkeit, stark zu schwitzen, verändert. Auch wenn nur eine dieser Veränderungen in Ansätzen ausgeprägt war, stand diese Person vor einem Problem: Sie war aller Wahrscheinlichkeit nach sexuell nicht attraktiv. Eine spärlich behaarte Haut und starkes Schwitzen - in diesem Stadium der Entwicklung haben unsere Vorfahren vermutlich besser riechen können als heute - wird eher als Anzeichen für Krankheit und Parasitenbefall gegolten haben als für eine besonders günstige genetische Ausstattung. Gleiches gilt für die Entwicklung hin zum aufrechten Gang: Aus der Sicht der Vorfahren der Vormenschen wiesen überlange Hinterextremitäten und eine herabgesetzte Fähigkeit, vierbeinig laufen zu können, eher auf Missbildung denn auf zukunftsträchtige Entwicklung hin. Selbst kleine Abweichungen vom herrschenden Schönheitsideal werden sich nachteilig ausgewirkt haben. Mit anderen Worten: Personen mit diesen Merkmalen wurden von der Weitergabe ihrer genetischen Anlagen an die nächste Generation tendenziell ausgeschlossen. Das nennt man sexuelle Selektion.

Man kann also vermuten, dass ursprünglich die natürliche Selektion, die eine Veränderung im Körperbau förderte, und die sexuelle Selektion, die konservativ an den Vorstellungen festhielt, wie man auszusehen hat, im Widerspruch zueinander standen. Daraus folgt, dass die sexuelle Selektion zunächst die Evolution hin zum heutigen Erscheinungsbild des Menschen gebremst hat. Letztlich aber hat die natürliche Selektion über das Nahrungsangebot die Evolutionsrichtung bestimmt, und das Schönheitsideal hat sich geändert. Heute ist z.B. die Fortbewegung auf zwei Beinen mit im Vergleich zu früher überlangen Hinterextremitäten kein unästhetischer Anblick mehr. Eine Person mit diesem Merkmal wird nicht mehr von der Fortpflanzung ausgeschlossen. Offenbar ist eine Veränderung im Schönheitsideal eingetreten, und zwar deshalb, weil die natürliche Selektion auch Einfluss auf das Verhalten hat. Im Resultat hat sich das Schönheitsideal so verändert, dass der Widerspruch zwischen sexueller und natürlicher Selektion im Hinblick auf diese drei Merkmale zunehmend kleiner wurde.

Zwei Fragen ergeben sich: Wenn es richtig ist, dass sich das Schönheitsideal dem neuen, durch die natürliche Selektion bevorzugten Erscheinungsbild nur mit großer Verzögerung anpasst, gibt es dann heute - unbewusst - angewandte Kriterien für die Auswahl eines Partner, die heute gar keinen Sinn mehr haben, aber in einer vergangenen Zeit für das Überleben sinnvoll gewesen sind? Und: Wie konnte sich das Schönheitsideal dem neuen, durch die natürliche Selektion bevorzugten Erscheinungsbild anpassen?

In den zurückliegenden Jahrtausenden haben sich die Lebensbedingungen der Menschen mehrfach dramatisch geändert. Damit können anatomische Anpassungen, die einmal für das Überleben von entscheidender Bedeutung waren, heute unwichtig geworden sein oder möglicherweise sogar hinderlich. Das Gleiche kann man für das Schönheitsideal annehmen. Möglich ist daher, dass sich archaische Reste in unserem Verhalten hinsichtlich aufrechter Gang, spärliche Körperbehaarung und Fähigkeit, stark zu schwitzen, erhalten haben. Wenn wir heute eine Eigenschaft als schön, einen Anblick als attraktiv bewerten, aber keinen rationalen Grund für diese Einschätzung finden können, dann kann es sein, das wir diese Eigenschaft *noch* positiv bewerten, obwohl die Grundlage dafür schon längst nicht mehr existiert.

**Der aufrechte Gang**

Jeder wird zustimmen, dass eine Person, die heute die Körperhaltung eines Menschenaffen hat und sich auch so bewegt, sexuell nicht sonderlich attraktiv ist. Insbesondere bei Frauen gelten lange, gerade Beine als attraktiv. Hochhackige Schuhe, oder Schuhe mit dicken Sohlen, sollen den Eindruck langer Beine verstärken. Offenbar ist heute die Demonstration eines großen Abstands des Körpers vom Boden wichtig, ja sogar wichtiger als die

Demonstration großer sportlicher Fähigkeiten, die mit hochhackigen Schuhen nicht gegeben sind. Dieses heute sexuell positiv bewertete Merkmal passt zum ehemaligen Sammeln von Nahrung auf heißem Grund. Zu der Zeit, als dieser Nahrungserwerb vorherrschte, waren langsame Bewegungen völlig ausreichend; sportliche Fähigkeiten waren nicht nötig. Die Hauptsache war, dass der Körper weit vom Boden entfernt werden konnte. Zur nachfolgenden Entwicklungsphase, der Phase der Jagd, passt dieses Merkmale nicht so gut: Für die Pirschjagd waren lange, gerade Beine nicht erforderlich; man geht eher gebückt. Dagegen sind sportliche Fähigkeiten erforderlich. Für die Ausdauerjagd waren lange Beine sicher sinnvoll, und große sportliche Fähigkeiten waren außerordentlich wichtig. Allerdings gibt es keinen Hinweis darauf, dass Frauen in der Vergangenheit große Huftiere der Savanne durch Ausdauerjagd erbeutet hätten. Es ist auch nicht erkennbar, dass in der Phase der Landwirtschaft bis heute die Entwicklung besonders langer Beinen notwendig war.

**Die spärliche Körperbehaarung**

Die Frage, ob heute eine Person mit haarloser Haut von der sexuellen Selektion begünstigt ist, muss geschlechtsspezifisch gestellt werden: Abgesehen vom Haupthaar sind Frauen weniger behaart als Männer. Viele Männer bilden einen Bart aus und sind auch am Körper zwar spärlich, aber doch deutlicher behaart als Frauen. Bei Männern signalisiert die Gesichtsbehaarung offensichtlich die sexuelle Reife. Und vermutlich hatte die Behaarung im Gesicht und am Körper auch etwas mit der Position innerhalb einer Gruppe zu tun, so wie das bei vielen anderen Säugetieren, einschließlich der Menschenaffen, der Fall ist.

Ich beschränke der Einfachheit halber die Diskussion hier auf Frauen. Heute gilt – soweit ich das sehen kann, bei allen Völkern – eine Frau als unattraktiv, wenn sie am Körper behaart ist. Daher entfernen viele Frauen Körperhaare, von den Armen, unter den Achselhöhlen, und insbesondere von den Beinen (an den Beinen tun das 97 % der befragten jungen Frauen in Deutschland; Brähler et al., 2008). Sie tun das in wiederholten, oft schmerzhaften Prozeduren. Es sieht so aus, als ob Frauen mit dem Entfernen von Haaren eine angeborene Haarlosigkeit vortäuschen wollen. Diese Mode ist nicht neu. Seneca (1 – 65 n. Chr.) erwähnt in seinen Schriften den Beruf des Haarausrupfers. Warum finden Männer (und Frauen) das schön? Eine rationale Erklärung kann man, denke ich, nur in der Lebensweise während der erste Phase der Menschheitsentwicklung finden. Für das Sammeln von Opfern eines Busch- oder Steppenbrandes war Haarlosigkeit, insbesondere der Beine, sinnvoll. An der Ausdauerjagd, für die Haarlosigkeit ebenfalls sinnvoll ist, waren Frauen vermutlich nicht beteiligt, und für die Pirsch und die Landwirtschaft war Haarlosigkeit eher kontraproduktiv als nützlich.

Als die Gesichtsbehaarung zurückging, blieben die Augenbrauen erhalten. Sie blieben erhalten, weil sie ein Gesicht schön machen, werden viele sagen. Tatsächlich verwenden insbesondere Frauen viel Zeit und Geld darauf, sie überdeutlich herauszustellen bzw. ihre Existenz vorzutäuschen. Die Brauen werden als schön empfunden, wenn sie bogenförmig über den Augen liegen und nicht bis auf die Nasenwurzel reichen. Kann man für ihren Erhalt bei der Reduktion der Körperbehaarung eine rationale Erklärung finden? Bei manchen Säugetieren findet man Tasthaare über den Augen. Bei schnellen Bewegungen in unübersichtlichem Gelände können diese Haare die Augen vor Verletzungen schützen. Für Affen, die sich schnell durch das Geäst bewegen, ist dies eine akzeptable Erklärung. Aber die Vormenschen haben sich in der Phase, in der die Körperbehaarung zurückging, in übersichtlichem Gelände bewegt; und obendrein haben sie sich nur langsam bewegen können.

Augenbrauen und Wimpern, denen übrigens auch ein besonders großer ästhetischer Wert zugemessen wird, verhindern, dass Wasser, das die Stirn herunterläuft, in die Augen kommt. Die Form der Brauen, die als besonders schön empfunden wird, ist dafür bestens geeignet. Nun ist Wasser in den Augen gar nicht so unangenehm. Problematisch ist allerdings, wenn das Wasser nicht sauber ist und die Hände nicht sauber genug sind, um eventuell eingetragenen Dreck aus den Augen entfernen zu können. Lange Wimpern und gut entwickelte Augenbrauen dürften daher damals beim Nahrungserwerb direkt hinter der Feuerfront einen hohen Selektionsvorteil gehabt haben. Für die Zeit danach, in der Jagd und Landwirtschaft betrieben wurden, gab es sicher auch Situationen, in denen Augenbrauen mit dieser Funktion nützlich waren; aber das war vermutlich doch so selten, dass diese Situationen nicht als Selektionsdruck ausreichten, Augenbrauen und lange Wimpern hervorzubringen.

Evolutionsbiologen nehmen mehrheitlich an, dass ein glänzendes Fell bei Säugetieren von potentiellen Sexualpartnern als Indikator für Jugend und Gesundheit gewertet wird. Diese Bedeutung des Fells sollte deshalb die Entwicklung zur Haarlosigkeit stark behindert haben. Der Konflikt zwischen der natürlichen Selektion, die Haarlosigkeit begünstigt, und der sexuellen Selektion, die Haarlosigkeit verhindert, hat im Verlauf der Evolution des Menschen zu einem Kompromiss geführt. Die Einschätzung von Alter und Gesundheit über das Haar ist auf das Haupthaar beschränkt worden. Diese Beschränkung machte den Weg für die Selektion auf die Haarlosigkeit des Körpers frei. Heute wird das Haupthaar in Situationen, in der das Signal Jugend und Gesundheit besonders wichtig ist, d.h. bei der Partnersuche - bei Frauen und Männern -, mitunter unpraktisch lang bzw. kunstvoll getürmt, gefärbt und gefettet getragen. Ganze Wirtschaftszweige leben davon, Hilfsmittel zu liefern, die es erlauben, Haarpracht vorzutäuschen. Passend zu dieser Hypothese ist, dass viele muslimische Frauen ein Kopftuch und Nonnen eine Haube tragen, um eine sexuelle Anziehung über das Haar zu verhindern. Offenbar hat das Haar seine Bedeutung für die sexuelle Selektion aus der Zeit vor der Menschwerdung behalten; nur blieb, der Not gehorchend, das Haupthaar allein dafür übrig. Unter diesem Selektionsdruck ist das Haupthaar in etlichen Fällen so stark gewachsen, dass es im Alltagsleben sogar hinderlich wurde. Damit erinnert das Haupthaar beim Menschen an das vielleicht berühmteste

Beispiel für den Konflikt zwischen sexueller und natürlicher Selektion: die Federn im Schwanz des männlichen Pfaus. Selbstverständlich hat das Haupthaar nicht nur eine Bedeutung für die sexuelle Selektion. Das Haupthaar schützt auch das empfindliche Gehirn vor zu starker Erwärmung. Das gilt natürlich besonders für das Gelände, in dem der "neue" Nahrungserwerb stattfand.

Offenkundig kann die sexuelle Selektion die Entwicklung von Eigenschaften, anatomischen Strukturen und Verhaltensweisen fördern, die für das Überleben eines Individuums nicht nützlich, ja sogar schädlich sind. Die langen Haare beim Menschen und der lange Schwanz beim männlichen Pfau sind für das betroffene Individuum hinderlich, aber wegen ihrer Bedeutung als Indikator für Jugend und Gesundheit und vielleicht sogar als Indikator dafür, dass der Träger trotz dieser offensichtlich hindernden Struktur glänzend überlebt hat, sind sie für die Arterhaltung nützlich. Natürliche und sexuelle Selektion müssen keineswegs in allen Punkten Veränderungen in die gleiche Richtung fördern, aber die sexuelle Selektion „darf" der natürlichen nicht über ein bestimmtes Ausmaß hinaus im Wege stehen. Tut sie das, geht die Art unter.

**Die Fähigkeit, stark zu schwitzen**

Für die meisten Menschen ist die Fähigkeit, stark schwitzen zu können, nicht lebensnotwendig. Schwitzen ist für die meisten von uns lästig. Die Frage ist deshalb, ob die Fähigkeit zu schwitzen, trotzdem heute positiv bewertet wird. Wenn ja, dann kann man sagen: Die Fähigkeit wird heute *noch* positiv bewertet.

Der Anblick einer schwitzenden Person ist in der Regel nicht attraktiv. Aber es scheint Ausnahmen zu geben: Wenn jemand verschwitzt zurück aus der „Hölle" (Schlachtfeld, Löschen eines Waldbrands, Rettungsaktion im Kohlebergwerk, usw.) kommt, ist er/sie ein Held und attraktiv. Es scheint, dass in diesem Fall Schwitzen, als deutlich erkennbares Anzeichen der geleisteten körperlichen Anstrengung, attraktiv wirkt. Wenn in Erzählungen von großen Anstrengungen die Rede ist, die vielleicht leidvoll waren, aber mehr oder weniger lustvoll erinnert werden, dann wird das Ausmaß der Anstrengung über das Schwitzen deutlich gemacht. Man habe beim Besteigen des Berges, beim Anschieben des Autos, beim Radfahren gegen den Wind „geschwitzt wie ein Schwein". Oder man habe in der Prüfung vor Aufregung geschwitzt, ganz nasse Hände gehabt, oder man habe beim Rutschen auf der Autobahn Blut und Wasser geschwitzt. Auch exzessives Schwitzen in der Sauna gilt als erzählenswert, und auch hier wird gern der Vergleich mit einem Schwein herangezogen – aber das Schwein schwitzt gar nicht. Das Hausschwein ist dreckig und riecht nicht angenehm, weil die Menschen es dreckig halten. Der Geruch mag der Grund für den Vergleich sein. Offenbar wird Schwitzen - in Erzählungen, nachträglich - positiv bewertet, auch und vielleicht sogar besonders dann, wenn es in der erzählten Situation unangemessen stark war und möglicherweise zu Geruchsbelästigung geführt hat. Wir neigen also dazu, mit unserer Fähigkeit, stark schwitzen zu können, zu prahlen. Warum?

Ich denke, das sind Argumente dafür, dass die Fähigkeit, stark schwitzen zu können, *noch* positiv bewertet wird. Exzessiv schwitzen zu können war nach der ersten Phase der Menschheitsentwicklung nur noch bei der Ausdauerjagd erforderlich. Die ist beschränkt auf sehr heißes und sehr übersichtliches Gelände. Ob die Ausdauerjagd jemals die vorwiegende Ernährungsweise war, ist unklar. Zu der Zeit, zu der die anatomischen Voraussetzungen für eine Ausdauerjagd vorhanden waren, hatten sich die Menschen sehr wahrscheinlich auch in Gelände verbreitet, die weder hinreichend heiß noch übersichtlich genug für eine Ausdauerjagd waren. Für die Pirschjagd war Schwitzen hinderlich. Denn die potentielle Beute konnte und kann meist vorzüglich riechen.

## Hypothese 5: Das Prinzip der Partnerwahl: so ähnlich wie möglich, so unähnlich wie nötig

Wie konnte sich das Schönheitsideal dem neuen, durch die natürliche Selektion bevorzugten Erscheinungsbild anpassen? Fand mit einer Mutation, die eine bestimmte anatomische Veränderung hervorbrachte, gleichzeitig eine Mutation statt, die das Verhalten entsprechend änderte? Das kann man wohl ausschließen. Ebenso wenig kann man vernünftigerweise annehmen, dass eine Mutation eine bestimmte anatomische Struktur und gleichzeitig das Schönheitsideal entsprechend modifiziert. Offenbar gibt es auf der genetischen Ebene solche direkten Verknüpfungen nicht.

Es muss daher einen allgemeinen, einen unspezifischen Mechanismus geben, der dazu führt, dass durch sexuelle Selektion genau die Veränderungen im Erscheinungsbild gefördert werden, die durch die natürliche Selektion bevorzugt werden. Gleichzeitig muss der Mechanismus es erlauben, dass durch die sexuelle Selektion Strukturen und Verhalten sich herausbilden, die nur der Arterhaltung dienen, aber für das Individuum selbst sogar von Nachteil sein können. Ich denke, dass dafür ein Mechanismus in Frage kommt, der als „positive phänotypische assortative Paarung" von Wright (1921) beschrieben wurde: Bei der Partnersuche wird derjenige bevorzugt, der einem selbst ähnlich sieht, oder: der einem im Aussehen nicht fremd ist. Beispielsweise wirkt auf den, der eine spärliche Körperbehaarung ausgebildet hat, jemand, der auch spärlich behaart ist, nicht abstoßend, sondern vertraut. Der Weg dazu, dieses Prinzip in das Verhaltensrepertoire aufzunehmen, könnte folgender sein: In einer sensiblen Phase während der Kindheit findet eine Prägung in der Hinsicht statt, dass eine Person als Partner bevorzugt wird, die dem gegengeschlechtlichen Elternteil ähnelt. Das passt nicht genau, aber doch weitgehend überein mit der von Wright definierten positiven phänotypischen assortativen Paarung. Für den Menschen gibt es Hinweise dafür, dass ein Partner, der dem gegengeschlechtlichen Elternteil ähnelt, bevorzugt wird. Dieser Einfluss bei der Partnerwahl ist weitgehend unbewusst.

Die uns hier interessierende Abfolge sieht dann vereinfacht so aus: Die natürliche Selektion bewirkt, dass ein bestimmtes Verhalten in das Verhaltensrepertoire aufgenommen wird, nämlich Partnerwahl nach dem Erscheinungsbild der Eltern. Dieses Verhalten sorgt dafür, dass das Schönheitsideal in der Population sich dem durch die natürliche Selektion begünstigten Phänotyp anpasst, oder anders ausgedrückt: Fördert die natürlich Selektion eine Veränderung im Erscheinungsbild, dann ändert sich - verzögert - auch das Schönheitsideal entsprechend.

Natürlich gibt es mit diesem Einfluss auf die Partnerwahl ein Problem: Sie begünstigt Inzucht, und Inzucht ist bekanntlich schlecht für eine Population. Inzucht bewirkt, dass die Individuen einer Population in allen Genen homozygot (reinerbig) werden. Sie macht damit alle positiven Errungenschaften zunichte, die eine geschlechtliche Fortpflanzung für die Evolution gebracht hat. Dies ist der Grund, warum viele Organismen Wege entwickelt haben, Inzucht zu vermeiden bzw. Nachkommen aus Inzucht zu verhindern. Viele Blütenpflanzen haben Sperren für Selbstbefruchtung entwickelt; für Mäuse und Fische wurde nachgewiesen, dass sie nahe Verwandte am Geruch erkennen und die Paarung mit ihnen meiden. Grundlage der Geruchserkennung ist der Major Histocompatibility Complex (MHC). Das Gleiche wurde auch für den Menschen nachgewiesen, allerdings wurden in der Folge davon auch Ausnahmen gefunden, und es blieb daher strittig, ob über den Geruch Inzest verhindert wird (Wedekind et al., 1995; Jacob et al., 2002; Milinski, 2006; Chaix, 2008). Bei Menschen aller Kulturen sind Exogamieregeln entwickelt worden, die Inzest recht effizient verhindern. Es mag daher sein, dass bei den Vormenschen der Geruch die entscheidende Rolle gespielt hat, aber heute reicht der

„Stallgeruch" sicher nicht aus, sonst gäbe es die Exogamieregeln bzw. die entsprechenden Gesetze nicht. Wie auch immer die Details aussehen mögen, es ist offensichtlich, dass in Populationen, besonders in kleinen, die mit Hilfe der natürlichen Selektion eine positive phänotypische assortative Paarung bzw. eine Partnerwahl nach dem Bild der Eltern, entwickelt haben, gleichzeitig ein Selektionsdruck entstehen musste, der Inzest verhindert. Da bei Menschen die Wahl eines engen Verwandten als Partner nicht automatisch, z.B. über den Geruch, effizient verhindert wird, muss entweder (zusätzlich) die Abstammung erinnert werden, oder es müssen Personen, die dem gegengeschlechtlichen Elternteil sehr stark ähneln, von der Wahl ausgeschlossen werden.

Schlagwortartig zusammengefasst dürfte also folgendes Prinzip die Partnerwahl beeinflussen: So ähnlich wie möglich, so unähnlich wie nötig.

Eine sehr interessante Wirkung dieses Prinzips ist, dass es die Abspaltung kleiner Verbände aus einer Population fördert. Nehmen wir einmal an, es gäbe in einer Population einige wenige Personen mit etwas spärlicherer Körperbehaarung. Auf Grund der selektiven Partnerwahl sind Verbindungen zwischen Personen, die beide spärlich oder die beide stark behaart sind, wahrscheinlich. Unwahrscheinlich sind dagegen Verbindungen, bei der der eine Partner stark und der andere spärlich behaart ist. Als Folge davon wird in einem Teil der Population die Behaarung von Generation zu Generation abnehmen, d.h. der Phänotyp „schwach behaart" wird in den Nachkommen von Generation zu Generation sich immer deutlicher herausbilden. Gleichzeitig bleibt der Phänotyp „stark behaart" erhalten. In der Population wird es wenige Personen geben, die eine Behaarung zwischen den Extremen aufweisen. (Die Annahme hierbei ist, dass die diskutierten anatomischen Merkmale, hier die Behaarung, nicht durch ein Gen kontrolliert werden, sondern durch mehrere. Dies ist für die meisten anatomischen Strukturen die Regel.) Damit beginnt eine Population, sich aufzuteilen. Das Prinzip bei der Partnerwahl - positive phänotypische assortative Paarung, kombiniert mit Inzestschranken – fördert also die Abspaltung kleiner Verbände aus einer Population, weil das Prinzip die Herausbildung einer reproduktiven Isolation bewirkt.

Wir können demnach vermuten, dass die natürliche Selektion zu Beginn der Menschheitsentwicklung die Herausbildung von Familienverbänden gefördert hat, deren Mitglieder weitgehend einheitlich, aber anders als die anderer Verbände aussahen. Auf Grund des vorherrschenden Phänotyps hatten diese Verbände unterschiedlichen Zugang zu den Nahrungsressourcen, und das bewirkte, dass sie zunehmend eigenständige Wege gegangen sind. Wegen dieser unterschiedlichen Möglichkeit, an Nahrung zu gelangen, werden sie auch unterschiedlich viele Nachkommen gehabt haben.

In solchen Familienverbänden könnten Veränderungen im Phänotyp so erfolgt sein: Familienverbände mit ähnlichen körperlichen Voraussetzungen und Techniken bei der Nahrungssuche werden sich getroffen haben, z.B. Verbände, die damit begonnen haben, hinter der Feuerfront Nahrung zu sammeln. Die Wahl eines Partners aus dem jeweils anderen Familienverband wurde dabei durch das Inzestverbot begünstigt. Und zwar besonders deshalb, weil die Verbände klein waren – was in der Forschung zur Zeit die herrschende Vorstellung ist. Unter diesen Bedingungen werden dann bei der Partnerwahl vermutlich auch etwas größere Unterschiede im Körperbau akzeptiert worden sein: In dem einen Verband mögen die Hinterbeine etwas länger und in dem anderen die Haare etwas spärlicher gewesen sein. Schließlich hat die natürliche Selektion die neu entstandenen Kombinationen der Anlagen in den Nachkommen entweder als günstig, nachteilig oder neutral beurteilt. Auf diese Weise könnten sich nicht nur die drei hier hauptsächlich diskutierten Merkmale in kleinen Verbänden durchgesetzt haben, sondern auch so nebensächlich erscheinende wie bogenförmig gewölbte Augenbrauen.

Die Partnerwahl nach dem Prinzip „positive phänotypische assortative Paarung", kombiniert mit Inzestschranken, bewirkt also, dass ein bestimmter Phänotyp sich schnell durchsetzt. Die Partnerwahl fördert nicht die Ausbreitung einer bestimmten genetischen Konstitution in einer großen Population, sondern sie fördert die Herausbildung kleiner Populationen mit einer solchen Konstitution. Die natürliche Selektion entscheidet dann, welche der kleinen Populationen sich durchsetzt[1].

---

[1] Die vollständige Ersetzung einer Anlage (eines Allels) durch ein andere dauert, wie Populationsgenetiker seit langem wissen, in großen Populationen mit Zufallspaarung außerordentlich lange, und in kleinen, bei denen ebenfalls keine phänotypische assortative Paarung herrscht, ist das Resultat, welche Anlage sich durchsetzt (fixiert wird), rein zufällig (Li, 1955).

Die Kombination aus positiver phänotypischer assortativer Paarung und Inzestverbot dürfte also wesentlich dazu beigetragen haben, die Vormenschen als eigenständige Art von ihren Vorläufern abzutrennen. Auch die - aus archäologischen Funden gut belegte - spätere Aufsplitterung in viele Arten und die heute anzutreffende bunte Vielfalt der Erscheinungen auf den verschiedenen Kontinenten wird durch dieses Prinzip bei der Partnerwahl gefördert. Selbstverständlich soll hiermit nicht bestritten werden, dass auch Faktoren wie die natürliche Selektion (auf Grund unterschiedlicher Umwelten), die genetische Drift (die besonders kleine Verbände in zufällige Richtungen verändert) und Isolation (bewirkt durch physischen oder kulturellen Abstand zwischen den Populationen) wesentliche Beiträge zur Diversifikation im Erscheinungsbild der Menschen von heute geliefert haben.

Unvermeidbare Kollateralschäden dieser - für die Entwicklung der Menschheit so nützlichen –Tendenz, einen Partner nach dem Bild des gegengeschlechtlichen Elternteils auszusuchen, waren allerdings Konflikte, die in der psychoanalytischen Literatur als Ödipus- und als Elektrakomplex bezeichnet werden. Unvermeidbar deshalb, weil bei Menschen ein Inzest nicht über den Geruch und damit automatisch und völlig unbewusst verhindert wird.

# III. Der Beginn des Ackerbaus

## Aktuelle Vorstellungen über den Beginn des Ackerbaus

Nach heute vorherrschender Ansicht hat der Ackerbau vor etwa 13 000 Jahren östlich vom Mittelmeer, im sogenannten Fruchtbaren Halbmond, begonnen (für eine Übersicht s. Diamond, 2001; Uerpmann, 2007; Reichholf, 2008). Etwas später, und unabhängig davon, begann der Ackerbau auch an anderen Stellen auf der Erde[1]. Die ersten Pflanzen, die in Kultur genommen wurden, waren nach heutiger Kenntnis Gerste, Einkorn und Emmer, aus denen die Kultursorten Gerste und Weizen wurden.

Dem Ackerbau ging eine Phase voraus, in der die nomadisch lebenden Menschen die Samen von Wildgräsern als Zusatznahrung gesammelt haben. Gegen Ende dieser Phase hielten sie im Fruchtbaren Halbmond bereits Schafe und Ziegen als „Haustiere". Der Beginn des Ackerbaus soll nach Ansicht vieler Autoren durch eine Klimaänderung bewirkt worden sein, durch die es im Fruchtbaren Halbmond zunehmend trockener wurde (Jüngere Dryas-Zeit). Das habe zu Hunger geführt, und der sei der Antrieb gewesen, mit dem Ackerbau zu beginnen. Sauer (1952) vertritt die Idee, dass im Fruchtbaren

---
[1] In der vorliegenden Ausführung werde ich nur auf den Beginn des Getreideanbaus im Fruchtbaren Halbmond eingehen.

Halbmond die nomadisch lebende Bevölkerung anwuchs und zunehmend sesshafter wurde. Schließlich sei nicht mehr genug Nahrung für alle vorhanden gewesen; und das sei der Antrieb gewesen, Wildgräser zu kultivieren. Einig sind sich die verschiedenen Autoren darin, dass der Beginn des Ackerbaus mit dem Übergang vom nomadischen Leben zur Sesshaftigkeit einherging.

Große Unterschiede gibt es in den Vorstellungen, wie es zum Übergang vom Sammeln von Wildgräsersamen zum Ackerbau kam.

Rindos (1984) schlägt vor, dass die Menschen zunächst natürliche Bestände von Wildgräsern vor dem Abernten durch Tiere geschützt haben und dass auf der Grundlage dieser Erfahrung die Aussaat von Wildgräsern begonnen wurde.

Nach Diamond (2001, S. 163 ff) hat die Kultivierung von Gerste, Emmer und Einkorn im Fruchtbaren Halbmond folgendermaßen begonnen: Die Menschen fanden in verschiedenen Höhenlagen des Taurus und des Zagros gestaffelte Erntezeiten dieser Wildgräser vor. Die Samen der Pflanzen, die in höheren Lagen wuchsen, waren etwas später reif als die in tieferen Lagen. Sammler konnten deshalb bequem bergan ziehen und ernten. Damit waren sie nicht in einem sehr kurzen Zeitraum mit einer übermäßigen Fülle von Samen konfrontiert. Das machte die Ernte ergiebig.

Auf der Grundlage dieser Erfahrung sei der Übergang zum Ackerbau kein großen Schritt mehr gewesen: Die ersten Ackerbauern brauchten die Samen derjenigen Wildgetreide, die an Berghängen wuchsen und dort auf unberechenbare Regenfälle angewiesen waren, nur zu ernten und diese dann in den feuchten Tälern auszusäen. Dort konnten sie unter Aufsicht gedeihen.

Nur einen Bruchteil der verfügbaren Gräser sollen unsere Vorfahren geerntet haben, um sie zu kultivieren, nämlich nur Gerste, Einkorn und Emmer. Sie sollen nicht etwa Gräser danach ausgesucht haben, ob sie besonders große Körner produzierten, sondern ob sie besonders günstige Eigenschaften für die Kultivierung mitbrachten. Sie sollen z.B. Pflanzen, die durch Ausbildung einer brüchigen Ährenspindel bei der Reife schnell ihre Samen abwerfen, gar nicht erst geerntet, aufbewahrt und dann ausgesät haben. Diese Auswahl sei der erste entscheidende Schritt der Selektion auf geeignete Sorten gewesen.

Auf der Grundlage dieser Vorstellungen hatten die ersten Ackerbauern folgende Probleme: Die für die zukünftige Kultur geeigneten Wildgräser mussten von ihnen erkannt und deren Samen in Gefäßen gesammelt werden. Die Samen mussten vor dem Verderben und vor Schädlingen sicher bis zur Aussaat verwahrt werden. Dann musste die Saat zur rechten Zeit und an einem geeigneten Ort in die Erde gebracht werden, d.h. in geeignete Erde, in die richtige Tiefe und das bei der richtigen Bodenfeuchte. Dazu war die Erkenntnis erforderlich, dass der Samen schließlich einen Halm hervorbringt, an dem Körner der Pflanzenart reifen, von der sie geerntet wurde. Die Vorstellung, dass es ein Same ist, der den Halm und dann die neuen Samen der gleichen Art hervorbringt, ist keineswegs selbstverständlich. Selbst 10 000 Jahre später glaubte Aristoteles noch, dass weniger hochentwickelte

Organismen wie Schnecken, Würmer und Teichpflanzen aus allen möglichen verfaulten Stoffen entstehen können.

Erschwert wurde die Erkenntnis, dass aus Samen Halme hervorgehen auch dadurch, dass die Samen von Wildgräsern sehr klein sind. Das erschwert die Beobachtung des Keimvorgangs in der Erde. Zudem entwickeln sich neue Halme z.B. nach dem Ende der Trockenheit keineswegs nur aus Samen. Gräser bilden ein dichtes Wurzelgeflecht, das auch einen Steppenbrand überstehen kann. Nach dem Ende der Trockenheit oder nach einem Steppenbrand – und Brände waren häufig - sprießen viele neue Halme aus diesem Wurzelgeflecht.

Nehmen wir aber einmal an, dass die Menschen den Lebenszyklus der Wildgräser erkannt haben. Dann blieb die Aufgabe, den Boden so zu bereiten, dass das Wurzelgeflecht anderer Pflanzen nicht dominiert. Weiterhin musste die Konkurrenz anderer, dort unter natürlichen Bedingungen besser wachsender Pflanzen bis zur Ernte verhindert werden. Das ist harte Arbeit, wie jeder Gärtner weiß.

Der Ernteertrag der Samen von Wildgräsern war verglichen mit dem heutiger Sorten außerordentlich dürftig. Daher musste ein großer Teil der Ernte für die zukünftige Aussaat aufgehoben werden. Das musste sich lohnen. Offensichtlich gab es in der Umgegend Bestände von Wildgräsern. Das Abernten dieser Wildbestände musste also weniger erfolgversprechend sein als der sicher mühsame Anbau einschließlich des Freihaltens des Aufwuchses von unerwünschten Pflanzen, von Wild- und Herdentieren und von achtlosen Mitbewohnern.

In der Phase des reinen Sammelns sollten die Vorräte den Hunger in der Zeit nach der Ernte verhindern. Wenn der Hunger durch die Jahr für Jahr stärker aufkommende Trockenheit die treibende Kraft für die Entwicklung des Ackerbaus war, dann durfte ausgerechnet zu der Jahreszeit, zu der der Hunger am größten war, ein großer Teil der Ernte nicht mehr angerührt, sondern musste für die Aussaat geschützt werden. Der Mangel an Nahrung soll also *nicht* dazu geführt haben, dass die Vorräte von Wildgetreide aufgegessen wurden, sondern soll sogar die Vorratshaltung bis zur Aussaat bewirkt oder doch zumindest erleichtert haben. Der Hunger soll dann dazu geführt haben, Nahrung erstmals in der Geschichte der Menschheit in die Erde zu versenken.

Die Alternatividee, dass nämlich Überbevölkerung für Hunger sorgte, und nicht primär eine Klimaänderung, macht das Aufheben von Körnern für die Aussaat nicht plausibler. Aus genau diesen Gründen schlägt Uerpmann (2007) vor, dass nicht zu Zeiten des Mangels, sondern zu einer Zeit und an einem Ort, wo Wildgetreide im Überfluss oder zumindest in ausreichender Menge vorhanden war, mit der Kultivierung von Wildgetreide begonnen worden sei.

Diese Idee macht den Beginn des Ackerbaus allerdings nicht plausibler: Was soll unsere Vorfahren angetrieben haben, die harte und ungewohnte Arbeit von Ackerbauern zu leisten, ohne die dafür geeigneten Geräte und Techniken vorzufinden, wenn Wildgetreide in zumindest ausreichender Menge zur Verfügung steht? Offenbar sind weder der Mangel noch der Überfluss an Wildgetreide plausible

Voraussetzungen für den Übergang vom Sammeln zum bewussten Anbau dieser Wildgräser.

Es fällt nicht leicht, sich bei Vorgabe all dieser Bedingungen den Beginn des Ackerbaus vorzustellen. Zuviel war gleichzeitig erforderlich.

Eine auf den ersten Blick sehr plausible Vorstellung darüber, wie unsere Vorfahren vom Sammeln zum bewussten Anbau von Wildgetreide kamen, schlägt Uerpmann (2007) vor. Im ersten Schritt hätten unsere Vorfahren darauf geachtet, dass nach der Ernte immer genügend Körner auf dem „Acker" zurückblieben, um ein erneutes Keimen im nächsten Jahr zu gewährleisten. Im zweiten Schritt hätten sie pflanzliche Konkurrenten beseitigt und die Saat vor Tieren geschützt. Erst danach habe die bewusste Kultivierung begonnen. Grundlage dieses Dreischritts sei die Erfahrung gewesen, dass vollständiges Abernten der Wildgetreidebestände sich im nächsten Jahr durch das Ausbleiben des Getreides gerächt hat. Den Menschen sei dadurch der Fortpflanzungszyklus bewusst geworden, und es sei ihnen auch klar geworden, welche Ansprüche der Anbau von Getreide an einen zukünftigen Ackerbauern stellt. Diese Erkenntnisse hätten zum Ausrupfen pflanzlicher Konkurrenten und dem Schutz vor dem Gefressenwerden durch tierische „Räuber" geführt. Die Erkenntnis hätte auch dazu geführt, dass bei der Ernte immer genügend Körner zurückblieben, um ein erneutes Keimen im nächsten Jahr zu gewährleisten.

Problematisch bei dieser Vorstellung ist, dass unsere Vorfahren im ersten Schritt - unbewusst - auf „Getreidesorten" selektiert haben sollen, deren Samen leicht aus den

Ähren fallen, weil Körner dieser „Sorten" bei der Ernte bevorzugt am Ort liegen bleiben und dann im nächsten Vegetationszyklus auskeimen. Sorten mit großen Körnern, die dazu noch leicht zu ernten sind, weil die Ährenspindel nicht brüchig ist, sind nach dieser Vorstellung bevorzugt vom „Acker" abgesammelt worden, um sie zu essen. Zudem würde auch der relative Anteil von nicht genießbaren bzw. giftigen Wildgräsern wie „Taumellolch" (*Lolium temulentum*) ansteigen. Körner dieser Gräser würden ja nicht entfernt werden, und da andere Körner selektiv entfernt werden, würde ihr relativer Anteil Jahr für Jahr größer werden. (Uerpmann weist darauf hin, dass es das Gras Taumellolch im Fruchtbaren Halbmond und zu der Zeit in hinreichenden Mengen gab.)

Im ersten Schritt dieses Dreischritts würden hiernach also auf den „bewirtschafteten" Flächen Jahr für Jahr die erwünschten Wildgetreidesorten immer seltener und die unerwünschten und die giftigen immer häufiger werden, während die naturbelassenen Bereiche in der Umgebung die erwünschten Sorten mit gleichbleibend hohem Ertrag hervorgebracht hätten.

Was sollte unsere Vorfahren veranlasst haben, mit dem zweiten Schritt, dem Ausrupfen pflanzlicher Konkurrenten auf den bewirtschafteten Flächen zu beginnen, statt sich den Gebieten zuzuwenden, die sie bisher noch nie oder aber vor vielen Jahren abgeerntet haben? Zudem hätte das Ausrupfen von Konkurrenten, die selbst keine Gräser sind, nur die unerwünschten Sorten begünstigt.

Es ist offensichtlich, dass der Ackerbau mit den Körnern begonnen haben muss die für die Ernährung als erwünscht erkannt und daher abgesammelt wurden.

Reichholf (2008, S. 33ff) fasst die zur Zeit diskutierten Vorstellungen zum Übergang vom Sammeln zum Ackerbau folgendermaßen kreativ zusammen: Unsere Vorfahren haben irgendwann festgestellt, dass man die gesammelten Körner längere Zeit aufbewahren kann. Nicht alle wurden später gegessen, einige blieben übrig, wurden verschüttet oder wurden im Frühjahr weggeworfen. Diese keimten dann an der Stätte aus, an der die Menschen überwintert hatten, und entwickelten dort neue Grasbestände, an denen im Sommer wieder reife Körner abgesammelt werden konnten. Dieses Sammeln, Bevorraten und Wiederaufwachsen der Saat habe sich zu Kenntnissen verdichtetet. Anfänglich bloß weggeworfene Reste wurden zu Saatgut, das Einsammeln der gereiften Körner zur Ernte. Sicher habe sich bald gezeigt, dass solche Flächen am ertragreichsten wurden, die vor der Aussaat von störendem Aufwuchs anderer Pflanzen gesäubert wurden.

Diese Version sieht attraktiv aus: Vor der bewussten Aussaat fand eine zufällige statt, und die Beobachtung des Resultats dieser Aussaat ermöglichte den zweiten Schritt, nämlich die bewusste Aussaat. Damit entfallen einige der oben diskutierten Probleme, allerdings kommen andere hinzu. Nach Reichholf können diese Menschen nicht in Höhlen überwintert haben, denn verschüttete Samen von Wildgräsern hätten in Höhlen keine Chance, auszukeimen und Halme zu erzeugen, die schließlich reife Körner hervorbringen. Sie haben also im Freien überwintert, und die im Freien verschütteten Körner gingen natürlich genau an dem Ort zu Boden, wo die Menschen aßen und wohl auch lagerten. Das soll offenbar den Aufwuchs bis zur Reife nicht verhindert haben. Es müssen außerdem so viele Körner verschüttet worden sein und die Keimung so erfolgreich gewesen sein, dass die Halme nach dem Aufwuchs die Aufmerksamkeit auf sich zogen. Schließlich gab es ja in der Umgebung des Lagers so große Bestände, dass sich das Sammeln in Gefäße lohnte; und so viele Samen konnten gesammelt werden, dass sich die Aufbewahrung bis zum Frühjahr anbot, um den Hunger während des Winters zu verhindern. Ich denke, im Winterlager zufällig verschüttete Körner von Wildgetreide können nicht den Ackerbau eingeleitet haben.

Reichholf (2008, S. 259) stellt zur Diskussion, dass vielleicht zunächst gar nicht die Körner selbst gesammelt wurden, sondern die Ähren. Die Körner sitzen sehr fest in den Ähren. Die Trennung von Korn und Spelzen ist deshalb mühsam. Er schlägt daher vor, dass unsere Vorfahren zunächst gar nicht den Versuch unternommen haben, die Körner von den Spelzen zu trennen, sondern die ganzen Ähren zu einer Vorform von Bier vergoren haben. Dieses Bier ist nicht nur nahrhaft, sein Genuss wäre auch vergnüglich. Allerdings mussten schließlich doch die Körner aus den Ähren herausgeholt werden. Der Ackerbau begann sicher nicht mit dem Vergraben ganzer Ähren.

## Hypothese 6: Dem Ackerbau ging eine Phase voraus, in der eine unbewusste Selektion auf geeignete Sorten stattfand

Im Folgenden wird die Hypothese vertreten, dass zwischen der Phase des nomadischen Lebens als Jäger, Sammler und Hirte und der des sesshaften Ackerbauern eine Phase gewesen ist, in der - bei einigen Gruppen von Menschen - durch die Lebensumstände bewirkt, eine unbewusste Kultivierung und eine unbewusste Selektion von Getreidevorläufern stattfand.

Wie von Jolly (1970) in die Diskussion gebracht wurde, haben die Menschen, wenn sie den Großwildherden und später dann ihren Weidetieren folgten, Grassamen mit den Fingern von den Halmen gestreift und als Zusatzernährung gegessen. Reife Grassamen sind außerordentlich hart. Bestimmt wurden daher nicht alle gegessenen Körner hinreichend aufgeschlossen und verdaut. Zumindest einige wurden wohl unbeschädigt, umgeben von bestem Dünger, im Kot, wieder abgegeben, so wie das heute viele pflanzenfressende Tiere tun. Wir können davon ausgehen, dass die Menschen beim Abstreifen von Grassamen sich wohl denjenigen Pflanzen zugewandt haben, die große und leicht zugängliche Samen produzierten. Genau von solchen haben sie einige dann im Kot in der Nähe ihrer Lagerplätze wieder abgegeben.

Wenn die Gräser reifen, dann herrscht Trockenheit. Vielleicht gab es dann nur noch in der Nähe des Wassers für die Wildtiere und das Vieh ausreichend Nahrung. Daher werden zu dieser Jahreszeit wohl auch die Nomaden am Rande eines Graslandes, in der Nähe von Flüssen, Bächen oder Seen ihr Lager aufgeschlagen haben. Nicht nur das Vieh, auch die Menschen brauchen ausgesprochen viel Wasser, und Wasser bietet Schutz vor Bränden. Für die Jagd auf Wildtiere ist eine Furt geeignet. Möglicherweise sind die Wildtiere darauf angewiesen, bei ihren Wanderungen diese Furt zu durchqueren. In diesem Fall kann man genau hier auf sie lauern.

Noch heute werden Lagerplätze am Rande der Savanne dadurch gesichert, dass die Vegetation in der nahen Umgebung abgebrannt wird. Das Abbrennen hindert Raubtiere, aber auch Schlangen und Skorpione, die Lagernden unbemerkt zu erreichen. In jüngster Vergangenheit wurde, wenn möglich, ein solcher Lagerplatz von einem Ringwall aus Dornengestrüpp begrenzt. Während der Nacht bleibt das Vieh innerhalb des Ringwalls. Ich denke, dass die Nomaden im Fruchtbaren Halbmond vor einigen 10 000 oder vielleicht sogar schon Millionen Jahren ihren Lagerplatz ähnlich gesichert haben. Wenn das so war, dann haben die Sammler von Wildgetreide am Rande eines solchen Lagerplatzes, aber noch innerhalb des Ringwalls unverdaute Grassamen mit dem Kot wieder abgegeben. Diese Grassamen fanden einen weitgehend freien und nicht allzu trockenen Boden vor, das Wurzelgeflecht der vorher dort wachsenden Pflanzen war durch Mensch und Vieh geschädigt, und der Boden war mit Asche und Fäkalien gedüngt.[1]

---

[1] Diamond (2001) erwähnt in seiner Darstellung über den Beginn der Landwirtschaft, dass Samen über Kot verbreitet werden können. In Bezug auf die Kultivierung von Erdbeeren schreibt er: „Womöglich waren menschliche Latrinen [„,] Versuchsstätten der

Die Menschen waren zu der Zeit Nomaden. Sie folgten den Herden, zunächst Herden von Wildtieren und später dann von ihren Haustieren. Großwildherden wandern mit zuverlässiger Regelmäßigkeit, nomadische Viehzüchter tun das aus guten Gründen ebenfalls. Man kann demnach vermuten, dass die Nomaden zur gleichen Jahreszeit wieder an ihrem alten Lagerplatz eingetroffen sind. Und das heißt zu der Zeit, zu der ihre „Aussaat" reife Körner hervorgebracht hat. Das waren - bei der ersten Rückkunft - zwar Samen von Wildgräsern, die an vielen Orten anzutreffen sind, aber es waren solche, die in der offenen Landschaft von den Menschen als geeignet für die Ernährung ausgesucht worden waren. Nichts spricht dagegen, dass die Körner, die sie am Lagerplatz vorfanden, gegessen wurden. Damit begann der erste Zyklus der - unbewussten - Selektion auf geeignete Sorten.

Wenn man dieser Vorstellung folgt, dann gab es mehrere Selektionsvorgänge nacheinander: Der erste

---

ersten Pflanzenzüchter." (S.132) Daher verwundert es, dass er diesem Aspekt nicht eine zentrale Rolle für den Beginn des Ackerbaus, insbesondere der Kultivierung von Getreide, zuweist, sondern stattdessen annimmt, dass der Ackerbau mit der bewussten Kultivierung von kenntnisreich ausgesuchten Wildgräsern begann: „Die ersten Ackerbauern des Jordantals entschieden sich mit anderen Worten für die zwei besten der 23 geeigneten Wildgräser, die in ihrer Umgebung wuchsen. [...] Die ursprüngliche Selektion von Gerste und Emmerweizen erfolgte aber bewusst und beruhte auf den leicht erkennbaren Merkmalen Samengröße, Genießbarkeit und natürliche Verbreitung". (S. 170). Die ersten Ackerbauern brauchten bloß die Samen von Wildgetreide zu ernten [...] und diese dann in den feuchten Tälern auszusäen." (S. 163)

Selektionsschritt betrifft die Auswahl von Körnern. Zunächst haben die Menschen wohl solche Körner in der offenen Savanne gesammelt und gegessen, die sie am attraktivsten fanden, z.B. große, leicht zu erntende und nicht giftige. Im zweiten Schritt hat die unterschiedliche Härte, Größe, äußere Beschaffenheit der Hüllen der Körner einen Einfluss darauf gehabt, welche und wie viele von ihnen die Mahlbewegungen im Mund und dann die Darmpassage überlebt haben. Körner, die zur Erntezeit weich sind, wurden sicher auch gern von Menschen gegessen. Die wurden aber wohl im Mund vollständig zermahlen. Für die „Aussaat" blieb nichts erhalten. Harte Körner haben eher überlebt. Daher war der Aufwuchs am Lagerplatz schon nicht mehr repräsentativ für das, was die Menschen im Jahr davor in der freien Savanne gesammelt und gegessen haben.

Mit der ersten Ernte am alten Lagerplatz fand eine weitere Selektion auf geeignete Sorten statt: Zweifellos mussten die Körner dafür noch in den Ähren sitzen, wenn die Nomaden wieder erschienen. Also gab es eine Selektion - über das Essen - auf große und harte Körner, die so fest in den Ähren sitzen, dass sie durch den Wind nicht herausfallen. Aber natürlich durften sie auch nur so fest in den Ähren sitzen, dass sie von Menschen ohne allzu großen Aufwand geerntet werden konnten. Nur die Körner, die auf die Ernte durch den Menschen „gewartet" haben, konnten gegessen und damit in jedem Selektionszyklus „verbessert" werden. Wenn die Körner fest in den Ähren sitzen, schützt das zwar vor dem Abernten durch Vögel, verhindert aber gleichzeitig die Verbreitung der Samen über den Kot durch Vögel. Eine brüchige Ährenspindel erleichtert die Verbreitung über Säugetiere. Die Körner können mit den Grannen am Fell von Säugetieren haften. Durch Selektion auf Ähren, in denen die Körner fest sitzen, entstand also eine Abhängigkeit vom Menschen. Die Kultivierung hatte begonnen.

Zwei Punkte sind in diesem Zusammenhang noch von Interesse. Erstens: Die Selektion auf geeignete Sorten wurde nicht bewusst von einigen wenigen klugen und gut informierten Bauern oder Bäuerinnen durchgeführt, sondern von allen Personen der Gruppe, auch von den Kindern, soweit sie schon kauen konnten. Und diese Selektion fand den ganzen Tag lang nebenbei statt, solange es reife Körner von Wildgräsern gab. Zweitens: Eine Verbreitung dieser unbewusst kultivierten Sorten durch Menschen wird es gegeben haben, weil es gelegentliche Kontakte zu benachbarten Familienverbänden gab.

**Hypothese 7: In der Phase der unbewusste Selektion auf geeignete Sorten waren die Menschen noch nicht sesshaft**

Nach der hier vorgestellten Hypothese war Sesshaftigkeit nicht die Voraussetzung für den Beginn der Selektion auf geeignete Sorten. Sesshaftigkeit war dafür geradezu kontraproduktiv. Wären die Menschen sesshaft gewesen, ohne die Erkenntnis der Zusammenhänge zu haben, dann hätten sie die aufgegangene Saat niedergetreten, das Vieh (falls vorhanden) hätte die Saat gefressen, ehe sie ihre volle Höhe erreicht und Samen produziert hätte. Und was bis dahin überlebt hätte, wäre schließlich durch Brandrodung vernichtet worden. Ohne Brandrodung wäre der Lagerplatz (im weiteren Sinn) ja zunehmend kleiner geworden. Man kann also folgern, dass eine unbewusste Kultivierung nur an einem Lagerplatz stattfinden konnte, der nur in der Zeit zwischen der Ernte und dem Keimen der Saat benutzt wurde. Im Frühjahr, wenn überall frisches Gras sprießt, sollten unsere Vorfahren diesen Platz verlassen haben, um den Wildherden oder den eigenen Herden zu folgen. Und erst wenn die sommerliche Trockenheit alles Gras gelb werden lässt und die Samen der Gräser reif geworden sind, sollten sie wieder an diesem Lagerplatz eingetroffen sein.

Insbesondere die Selektion auf Körner, die fest in den Ähren sitzen, hat verhindert, dass die am Lagerplatz unbewusst kultivierten Gräser sich in die Umgebung ausbreiteten. Eine Ausbreitung gab es nur über die Pollen, die vom Wind verbreitet werden. Die besonders geeigneten Pflanzen wurden also nur am Lagerplatz selbst angetroffen. Etwas weniger geeignete entstanden durch Kreuzung mit Wildgräsern am Lagerplatz selbst und in der nahen Umgebung. Der Unterschied zu den Wildgräsern, die in der weiteren Umgebung wuchsen, wurde über viele Jahrhunderte immer deutlicher. Diese Hybride, die sicher für die Ernährung auch attraktiv waren, haben zum einen über eine Kotdeposition am Lagerplatz selbst und zum anderen als Pollenspender zur weiteren Vervollkommnung der Kultursorten beigetragen. Von großer Bedeutung ist, dass es bei den Getreidevorläufern leicht zu Arthybriden kommen kann. Wie wir wissen, hat genau das zur Entwicklung von Brotweizen geführt.

Für die unbewusste Kultivierung war eine Bevorratung der Samen über den Winter nicht nötig. Damit entfielen natürlich alle Folgeprobleme, wie Schutz vor Fraßfeinden, vor Verderben und hungrigen Mitbewohnern. Es ist auch nicht nötig anzunehmen, wie es weitgehend in der Literatur getan wird, dass die ersten Ackerbauern aus der Fülle der unterschiedlichen Arten von Wildgräsern bewusst einige wenige für die Kultivierung aussuchten, z.B. solche, deren Körner fest in den Ähren sitzen. Keineswegs möchte ich aber ausschließen, dass die Menschen in dieser Phase Samen von Wildgräsern gesammelt und bevorratet haben, nur nötig war es nicht für eine unbewusste Kultivierung. Entscheidend ist, dass diese Kultivierung und diese Selektion auf geeignete Sorten zu einer Zeit beginnen konnte, als eine Bevorratung entweder noch nicht nötig war - weil es im Winter genug andere Nahrung gab - oder weil sie noch nicht „erfunden" war.

Als auslösender Faktor für den Beginn der bewussten Kultivierung von Gerste, Einkorn und Emmer wird die vor etwa 13 000 Jahren im Fruchtbaren Halbmond einsetzende Trockenheit der Jüngeren Dryas-Zeit gesehen. Diese Klimaänderung könnte die periodische Wanderung der Herden beendet und damit die Menschen zur Sesshaftigkeit in der Nähe von Wasserläufen gezwungen haben. Diese erzwungene Sesshaftigkeit hat es, denke ich, erleichtert, dass unsere Vorfahren den gesamten Vegetationszyklus der von ihnen unbewusst kultivierten und selektierten Sorten beobachten konnten: von der selbstverursachten „Aussaat" über das Keimen der Saat bis zur Ernte. Erleichtert hat die Erkenntnis der Zusammenhänge auch, dass die so günstigen Sorten ausschließlich am Lagerplatz anzutreffen waren. Es lag nahe, die Bedeutung von Düngen und Bodenbereitung für den Erfolg der Getreidekultivierung zu erkennen. Mit diesen Erkenntnissen war es dann tatsächlich nur noch ein kleiner Schritt bis zur bewussten Kultivierung der Pflanzen. Nur wenige Modifikationen waren erforderlich; dazu gehörte z.b., den „Acker" vor dem Vieh und vor achtlosen Mitmenschen zu schützen. Zur Zeit der Wanderungen war das nicht nötig. Ich vermute also, dass der bewusste Anbau von Pflanzen erst dann begann, als die Selektion auf Sorten mit günstigen Eigenschaften schon weit fortgeschritten war. Der Ackerbau, d.h. der bewusste Anbau von Pflanzen, hat nicht mit Wildgräsern begonnen.

Der Ackerbau ist mehrfach unabhängig in verschiedenen Regionen der Erde entwickelt worden. In einigen dieser Fälle ist die Kultivierung sicher ganz anders verlaufen, als das hier dargestellt wurde. Offensichtliche Beispiele dafür sind die Kultivierung von Maniok, Süßkartoffel und Kartoffel. Aber vielleicht hat der Anbau von Reis und Mais ähnlich begonnen. Das Wildgras Teosinte ist der Vorläufer von Mais. Teosinte produziert kleine Körner, die nicht in einem Kolben, sondern in einer Ähre sitzen. Bei der Reife fallen die Körner zu Boden. Beim Mais hingegen sitzen die Körner so fest in einem Kolben, dass Mais sich ohne menschliche Hilfe nicht fortpflanzen kann. Soweit ich weiß, können Maiskörner eine Darmpassage überleben. Die Samen von Teosinte sind ebenfalls sehr hart. Möglicherweise überleben auch diese Samen eine Darmpassage. Es könnte also durchaus sein, dass die nomadisch lebenden Menschen in Zentralmexiko Teosinte ebenso unbewusst kultiviert haben wie die Menschen im Fruchtbaren Halbmond Gerste, Emmer und Einkorn. Noch heute gibt es Hybride zwischen Teosinte und Mais dort, wo beide in unmittelbarer Nachbarschaft aufwachsen.

Wichtig für einen stabilen Beginn des Ackerbaus war, dass der Anbau jedes Jahr stattfand, weil die Kultursorten bei der Aussaat zunehmend stärker auf den Menschen angewiesen waren. Auch in der Phase der unbewussten Kultivierung konnten die Sorten leicht wieder verloren gehen. Es reichte schon aus, dass die Nomaden zu früh an dem in Frage stehenden Lagerplatz wieder eintrafen, nämlich bevor das Korn reif war. Das Vieh mag dann das „Gras" gefressen haben, und der Rest wurde durch Brandrodung beseitigt. Es ist offensichtlich, dass die Menschen den Lebenszyklus der Getreidevorläufer und die selbstverursachte „Aussaat" dieser Pflanzen durchschaut haben mussten, um mit dem Ackerbau beginnen zu können. Diese Erkenntnis hat es sicher nicht in allen Familienverbänden gegeben, die unbewusst geeignete Sorten entwickelt hatten. Man kann also vermuten, dass viele Sorten untergingen. Wenn die äußeren Bedingungen zunehmend stärker die Sesshaftigkeit erzwungen haben, dann gab es vielleicht in einer bestimmten Region nur ein Zeitfenster von einigen hundert Jahren mit besonders günstigen Voraussetzungen für diese Erkenntnis. Der Zufall spielte also eine große Rolle, dass es zu dem Übergang von der unbewussten Kultivierung zum Ackerbau kam und dann auch zum Erhalt der kultivierten Sorten.

Wenn das zutreffend ist, dann stellt sich für die Bewertung von archäologischen Funden ein Problem: Das

Auffinden von Kultursorten an einer Fundstelle weist nicht notwendigerweise darauf hin, dass an dem Ort und zu der Zeit schon Ackerbau betrieben wurde.

Bindow, im Mai 2010
Stefan Berking

## Danksagung

Johann-Friederich Anders danke ich für Ermutigungen und tatkräftige Hilfe.

# Literaturverzeichnis

Alemseged, Z., Spoor, F., Kimbel, W., Bode, R., Geraads, D., Reed, D., Wynn, J. (2006) A juvenile early hominin skeleton from Dikika, Ethiopia. Nature, 443, 296-301

Barham, P. (2001) The science of cooking, Springer-Verlag, Berlin Heidelberg New York

Blumenshine, R.J., Cavallo, J.A. (1992) Frühe Hominiden - Aasfresser. Spektrum Wiss., 12, 88-95

Brähler, E., Stirn, A., Kühne, T. (2008) Körperhaarentfernung bei immer mehr jungen Erwachsenen im Trend. Pressemitteilung der Universität Leipzig Nr.: 2008/251 vom 18.11.2008

Chaix, R., Cao, C., Donnelly, P. (2008) Is mate choice in humans MHC-dependent? PLoS Genet. 4(9): e1000184. doi: 10.1371/journal.pgen.1000184.

Darwin, C. (1966) Die Abstammung des Menschen. Alfred Körner, Stuttgart (engl.: The descent of man. London, 1871)

Diamond, J. (2001) Arm und Reich. Fischer Taschenbuch Verlag, 2. Auflage

Foley, R. (1995) Humans before humanity. Blackwell Publishers Ltd., Oxford, GB

Hardy, A.C. (1960) Was man more aquatic in the past? New Scientist, 7, 642-645

Hildebrand, M., Goslow, E.G., (2004) Vergleichende und funktionelle Anatomie der Wirbeltiere. Springer-Verlag, Berlin Heidelberg New York

Jacob, S., McClintock, M.K., Zelano, B., Ober, C. (2002) Paternally inherited HLA alleles are associated with women's choice of male odor. Nat. Genet., 30, 175–179

Jolly, C.J. (1970) The seed-eaters: A new model of hominid differentiation based on baboon analogy Man, n.s., 5, 1-26

Kirschmann, E. (1999) Das Zeitalter der Werfer. Hannover, Germany: Eduard Kirschmann Grünlinde 4;. p. 30459

Li, C.C. (1955) Population Genetics. Chicago press

Lovejoy, C.O. (1981) Die Evolution des aufrechten Gangs. Spektrum Wiss., 1, 92-100

Lovejoy, C.O. (2009) Reexamining human origins in light of *Ardipithecus ramidus*. Science 326, 74-74

Milinski, M. (2006) The Major Histocompatibility Complex, sexual selection, and mate choice. Annu. Rev. Ecol. Evol. Syst., 37, 159–186

Montagna, W. (1965) The skin. Sci. Am. 212, 56–59.

Morgan, E. (1991) The origins of a new theory. In: Roede, M., Wind, J., Patric, J., Reynolds, V. (Hrsg.): The aquatic ape: Fact or fiction? 3-8 Souvenir Press, London

Niemitz, C. (2004) Das Geheimnis des aufrechten Gangs. Beck, München

Prideaux, G.J., Long, A.J., Ayliffe, L.K., Hellstrom, J.C., Pillans, B., Boles, W.E., Hutchinson, M.N., Roberts, R.G., Cupper, M.L., Arnold, L.J., Devine, P.D., Warburton, N.M. (2007) An arid-adapted middle Pleistocene vertebrate fauna from south-central Australia. Nature. 445, 422-425

Ranke, J. (1900) Diluvium und Urmensch. aus: J. Ranke, Der Mensch. 2. Auflage, Meyers Volksbücher, Leipzig Berlin, Bibliographisches Institut

Reed, K.E., Fish, J.L. (2005) Tropical temperate seasonal influences on human evolution. In: Hrsg.: Brockmann, D.K., Schaik, V.P., van (2005) Seasonality in primates: Studies of living and extinct human and non-human primates. Cambridge University Press

Reichholf, J.H. (2010) Das Rätsel der Menschwerdung: Die Entstehung des Menschen im Wechselspiel der Natur. 8. Auflage, dtv München

Reichholf, J.H. (2008) Warum die Menschen sesshaft wurden. Das größte Rätsel unserer Geschichte. Fischer, Frankfurt a.M.

Rindos, D. (1984) The origins of agriculture: An evolutionary perspective. Academic Press. San Diego

Sauer, C.O. (1952) Agricultural origins and dispersals. American Geographical Society, New York

Steitz, E. (1993) Die Evolution des Menschen. Schweizerbart'sche Verlagsbuchhandlung, Stuttgart. 3. Auflage

Teaford, M.F., Ungar, P.S. (2000) Diet and the evolution of the earliest human ancestors. PNAS 97, 13506-13511

Thorpe, S.K.S., Holder R.L., Crompton, R.H. (2007) Origin of human bipedalism as an adaptation for locomotion on flexible branches. Science. 316, 1328-1331

Uerpmann, H.-P. (2007) Von Wildbeutern zu Ackerbauern – die neolithische Revolution der menschlichen Subsistenz. Mitteilungen der Gesellschaft für Urgeschichte 16, 55-74

Wedekind, C., Seebeck, T., Bettens, F., Paepke, A.J. (1995) MHC-dependent mate preferences in Humans. Proc. Biol. Sci. 260, 245–249

Weeler, P.E. (1991a) The thermoregulatory advantage of hominid bipedalism in open equatorial environments: the contribution of increased convective heat loss and cuteanous evaporative cooling. J. Hum. Evol., 21, 107-116

Weeler, P.E. (1991b) The influence of bipedalism on the energy and water budget of early hominids. J. Hum. Evol., 21, 117-136

WoldeGabriel, G., Ambrose, S.H., Barboni, D., Bonnefille, R., Bremond, L., Currie, B., DeGusta, D., Hart, W.K., Murray, A.M., Renne, P.R., Jolly-Saad, M.C. Stewart, K.M., White, T.D. (2009) The geological, isotopic, botanical, invertebrate, and lower vertebrate surroundings of *Ardipithecus ramidus*. Science, 326, 65, DOI:10.1126/science.1175817

Wrangham, R. (2009) Catching fire: How cooking made us human, Basic Books

Wright, S. (1921) Systems of mating, I-V. Genetics 2, 111-178

Young, R.W. (2003) Evolution of the human hand: the role of throwing and clubbing. J. Anat. 202, 165-174

www.ingramcontent.com/pod-product-compliance
Lightning Source LLC
Chambersburg PA
CBHW070317230526
45470CB00002B/912